普通高等院校计算机基础教育"十三五"规划教材
国 家 级 一 流 本 科 线 上 课 程 配 套 教 材
2021年北京高校优质本科教材课件（重点）
北 京 市 课 程 思 政 示 范 课 程 配 套 教 材

微信小程序开发
案例教程

慕课版

杜春涛◎主编　付瑞平◎副主编

中国铁道出版社有限公司
CHINA RAILWAY PUBLISHING HOUSE CO., LTD.

内 容 简 介

微信小程序因其应用方便、快捷和功能强大，用户数量不断增加，而受到越来越多高校师生的关注，很多高校都开设了或者正在开设"微信小程序开发"相关的课程。但目前市场上与微信小程序开发有关的书籍要么是针对项目开发，要么是照搬官方文档，大都不太适合用作教材。

编者根据教学需要，打破了官方文档的讲解次序，设计了61个教学案例，每个案例都经过了测试和验证，按照案例描述→实现效果→案例实现→相关知识→总结与思考的步骤进行讲解，遵循学生的认知规律，做到由浅入深、由特殊到一般，使读者轻松掌握微信小程序开发的方法和技巧。全书共分8章，内容包括：初识微信小程序、小程序编程基础、小程序框架、小程序组件、小程序API、云开发等内容，最后讲解了2个综合案例以及代码管理的知识。此外，与本书配套的MOOC课程已经在中国大学MOOC平台（www.icourse163.org）正式上线。书中所有案例均配有微视频，读者扫描案例旁边的二维码即可观看。

本书适合作为高等院校"微信小程序开发"相关课程的教材，也可作为微信小程序开发爱好者的入门参考书。

图书在版编目（CIP）数据

微信小程序开发案例教程：慕课版/杜春涛主编.—北京：
中国铁道出版社有限公司，2019.9（2023.7重印）
普通高等院校计算机基础教育"十三五"规划教材
ISBN 978-7-113-25940-2

Ⅰ.①微… Ⅱ.①杜… Ⅲ.①移动终端-应用程序-程序设计-高等学校-教材 Ⅳ.①TN929.53

中国版本图书馆CIP数据核字（2019）第173075号

书　　名	：微信小程序开发案例教程（慕课版）
作　　者	：杜春涛

责任编辑	：贾　星	编辑部电话：（010）63549501	
封面设计	：MXK DESIGN STUDIO Q.1765628429		
封面制作	：刘　颖		
责任校对	：张玉华		
责任印制	：樊启鹏		

出版发行	：中国铁道出版社有限公司（100054，北京市西城区右安门西街8号）
网　　址	：http://www.tdpress.com/51eds
印　　刷	：三河市兴博印务有限公司
版　　次	：2019年9月第1版　2023年7月第6次印刷
开　　本	：787 mm×1 092 mm　1/16　印张：19.25　字数：468千
书　　号	：ISBN 978-7-113-25940-2
定　　价	：59.80元

版权所有　侵权必究

凡购买铁道版图书，如有印制质量问题，请与本社教材图书营销部联系调换。电话：（010）63550836
打击盗版举报电话：（010）63549461

前言

党的二十大报告指出,"教育、科技、人才是全面建设社会主义现代化国家的基础性、战略性支撑。必须坚持科技是第一生产力、人才是第一资源、创新是第一动力,深入实施科教兴国战略、人才强国战略、创新驱动发展战略,开辟发展新领域新赛道,不断塑造发展新动能新优势。"

微信小程序自 2017 年 1 月 9 日正式上线以来就引起广泛关注。微信创始人张小龙说:"小程序是一种不需要下载安装就可以使用的应用,它实现了应用'触手可及'的梦想,用户扫一扫或搜一下即可打开应用。这也体现了'用完即走'的理念,用户不用关心是否安装太多应用的问题。应用将无处不在,随时可用,但又无须安装下载"。

本书在内容设计方面本着有用有趣、突出重点的教学理念,采用案例教学方式。每个案例通过:案例描述→实现效果→案例实现→相关知识→总结与思考的步骤进行讲解,案例描述介绍要做一个什么样的案例,该案例具有哪些功能;实现效果给出了该案例实现后的运行效果,让读者对该案例有一个明确的感性认识;案例实现是通过编写代码具体实现该案例;相关知识介绍了该案例用到了哪些小程序开发的知识要点,并对这些知识要点进行讲解;总结与思考是对该案例所涉及的知识点进行总结,并针对该案例提出一些思考的问题,进一步升华对该案例的理解,符合人的认知规律。

本书打破了官方文档介绍小程序开发的顺序,而是根据怎样让学习者一开始就能够对小程序产生兴趣、能够让初学者循序渐进地学习和掌握小程序开发方法来设计每一个案例。

本书共分 8 章,设计了 61 个教学案例。

第 1 章:初识微信小程序。首先介绍了注册小程序账号、查看小程序 AppID、设置小程序信息、下载并安装小程序开发环境以及创建和打开小程序的方法,最后通过 1 个案例演示了小程序开发的过程和方法。

第 2 章：小程序编程基础。设计了 14 个案例，演示了小程序开发的基础知识，包括 HTML、CSS 和 JavaScript 中的基础知识，为小程序开发奠定基础。

第 3 章：小程序框架。设计了 10 个案例，演示了小程序的基本架构、执行顺序、数据及事件绑定、模块化、条件渲染、列表渲染、模板以及引用文件等知识。

第 4 章：小程序组件。设计了 10 个案例，演示了小程序组件的各种功能和使用方法。使用的组件包括：视图容器、基础内容、表单组件、导航组件、媒体组件、地图、画布等内容。

第 5 章：小程序 API。设计了 20 个案例，演示了小程序 API 函数的各种功能和使用方法。使用的 API 函数包括：系统信息、定时器、路由、界面、数据缓存、媒体、位置、画布、文件等内容。

第 6 章：云开发。设计了 4 个案例，演示了小程序云开发的方法和技巧，包括：获取 OpenID、文件上传下载、数据库操作、云函数应用等内容。

第 7 章：综合案例。设计了 2 个综合案例：计算器和支付宝九宫格导航界面设计，演示了小程序综合案例的设计方法和技巧。

第 8 章：代码管理。介绍了版本控制的概念、Git 分布式版本控制系统和常用的 Git 命令、微信开发者·代码管理平台以及启用开发者工具中的"版本管理"服务进行多人协作开发时的代码管理的方法。

本书采用 MOOC+ 微课的模式，所有内容都已经在"中国大学 MOOC"平台和智慧树平台上线运行，读者也可以直接扫描书中的二维码观看每个案例的详细讲解视频。本书由杜春涛任主编，编写了第 1～5 章和第 7 章；付瑞平任副主编，编写了第 6 章和第 8 章。本书在编写过程中得到了北方工业大学马礼教授、王景中教授、刘文楷教授、宋威教授、王若宾副教授、尹天光老师、肖彬老师、王丹同学、徐鸿铎同学、中国铁道出版社有限公司周欣主任的大力支持和帮助，在此表示衷心感谢。

限于编者水平，加之时间仓促，书中难免存在疏漏和不足之处，恳请各位专家、老师、学者和广大读者批评指正。

本书受教育部产学合作协同育人项目（谷歌支持，项目编号：202102183001、202102183006）、全国高等院校计算机基础教育研究会项目（项目编号：2021-AFCEC-002）、北京市高等教育学会重点项目（项目编号：ZD202110）、北方工业大学 2021 年教育教学改革项目"MOOC+SPOC 混合教学模式下发展性校本学习评价指标体系探索与实践"支持。

编　者

2023 年 7 月

目录

第 1 章　初识微信小程序　1

1.1　注册小程序账号 / 2

1.2　查看小程序的 AppID / 3

1.3　设置小程序信息 / 4

1.4　下载并安装小程序开发者工具 / 4

1.5　创建和打开小程序 / 5

1.6　第一个微信小程序 / 7

第 2 章　小程序编程基础 / 9

案例 2.1　字体样式设置 / 10

案例 2.2　文本样式设置 / 12

案例 2.3　图片与声音 / 14

案例 2.4　盒模型 / 16

案例 2.5　flex 弹性盒模型布局 / 19

案例 2.6　导航与布局 / 22

案例 2.7　float 页面布局 / 25

案例 2.8　摄氏温度转华氏温度 / 28

案例 2.9　条件语句和数学函数 / 31

案例 2.10　成绩计算器 / 35

案例 2.11　循环求和计算器 / 39

案例 2.12　随机数求和 / 43

案例 2.13　计时器 / 47

案例 2.14　自动随机变化的三色旗 / 50

第 3 章　小程序框架 / 54

案例 3.1　小程序的基本架构 / 55

案例 3.2　小程序的执行顺序 / 60

案例 3.3　数据及事件绑定 / 65

案例 3.4　变量和函数的作用域及模块化 / 68

案例 3.5　条件渲染 / 71

案例 3.6　成绩等级计算器 / 73

案例 3.7　列表渲染 / 75

案例 3.8　九九乘法表 / 78

案例 3.9　模板的定义及引用 / 80

案例 3.10　利用 include 引用文件 / 82

第 4 章　小程序组件 / 85

案例 4.1　货币兑换 / 86

案例 4.2　三角形面积计算器 / 89

案例 4.3　设置字体样式和大小 / 93

案例 4.4　滑动条和颜色 / 96

案例 4.5　轮播图和开关选择器 / 99

案例 4.6　个人信息填写 / 103

案例 4.7　图片显示模式 / 109

案例 4.8　音频演示 / 112

案例 4.9　视频演示 / 115

案例 4.10　考试场次选择 / 120

第 5 章　小程序 API ／ 131

案例 5.1　变脸游戏 ／ 132

案例 5.2　阶乘计算器 ／ 135

案例 5.3　基本绘图 ／ 138

案例 5.4　参数绘图 ／ 147

案例 5.5　改变图形 ／ 150

案例 5.6　绘制正弦曲线 ／ 153

案例 5.7　自由绘图 ／ 154

案例 5.8　动画 ／ 160

案例 5.9　照相和摄像 ／ 167

案例 5.10　位置和地图 ／ 172

案例 5.11　文件操作 ／ 178

案例 5.12　数据缓存 ／ 183

案例 5.13　网络状态 ／ 193

案例 5.14　传感器 ／ 197

案例 5.15　扫码与打电话 ／ 202

案例 5.16　屏幕亮度、剪贴板和手机振动 ／ 207

案例 5.17　设备系统信息 ／ 211

案例 5.18　导航栏 ／ 216

案例 5.19　标签栏 ／ 220

案例 5.20　操作菜单 ／ 226

第 6 章　云开发 ／ 229

案例 6.1　获取 OpenID ／ 230

案例 6.2　文件上传下载 ／ 236

案例 6.3　数据库操作 ／ 246

案例 6.4　云函数应用 ／ 261

第 7 章　综合案例 ／ 270

案例7.1　计算器 ／ 271

案例7.2　支付宝九宫格导航界面设计 ／ 279

第 8 章　代码管理 ／ 287

8.1　Git ／ 288

8.2　微信开发者·代码管理 ／ 292

参考文献 ／ 300

第 1 章 初识微信小程序

本章概要

本章首先介绍了注册小程序账号、查看小程序 AppID、设置小程序信息、下载并安装小程序开发环境以及创建和打开小程序的方法，最后通过 1 个案例演示了小程序的开发过程和方法。

学习目标

- 了解小程序的发展历程及基本功能
- 掌握注册小程序账号的方法
- 掌握查看小程序 AppID 的方法
- 掌握设置小程序信息的方法
- 掌握下载并安装小程序开发环境的方法
- 掌握小程序的开发过程和方法

1.1 注册小程序账号

首先进入页面：https://mp.weixin.qq.com，如图 1.1 所示。

图 1.1　小程序注册和登录页面

如果已经有小程序账号，可以直接输入账号和密码进行登录，如果没有，可以点击"立即注册"链接，则出现如图 1.2 所示的窗口。在出现的窗口中点击"小程序"链接，然后按照注册向导就可以完成小程序账号的注册（注：在注册小程序账号之前应该准备好一个邮箱）。

图 1.2　小程序注册页面

注册完成之后要等待腾讯服务器验证，可能会等几个小时，请耐心等待。

通过腾讯服务器验证后，可以进入 https://mp.weixin.qq.com 页面进行登录了，登录后需要利用微信扫描二维码进行身份验证，登录后的界面如图 1.3 所示。

图 1.3 小程序登录页面

1.2 查看小程序的 AppID

注册完小程序账号后，就可以查看 AppID 了。尽管 AppID 不是开发小程序所必需的，但如果要发布小程序就必须要用到 AppID。在图 1.3 中点击左侧的"开发"链接，在出现的右侧界面中点击"开发设置"链接，就可以查看自己的 AppID 了，如图 1.4 所示。

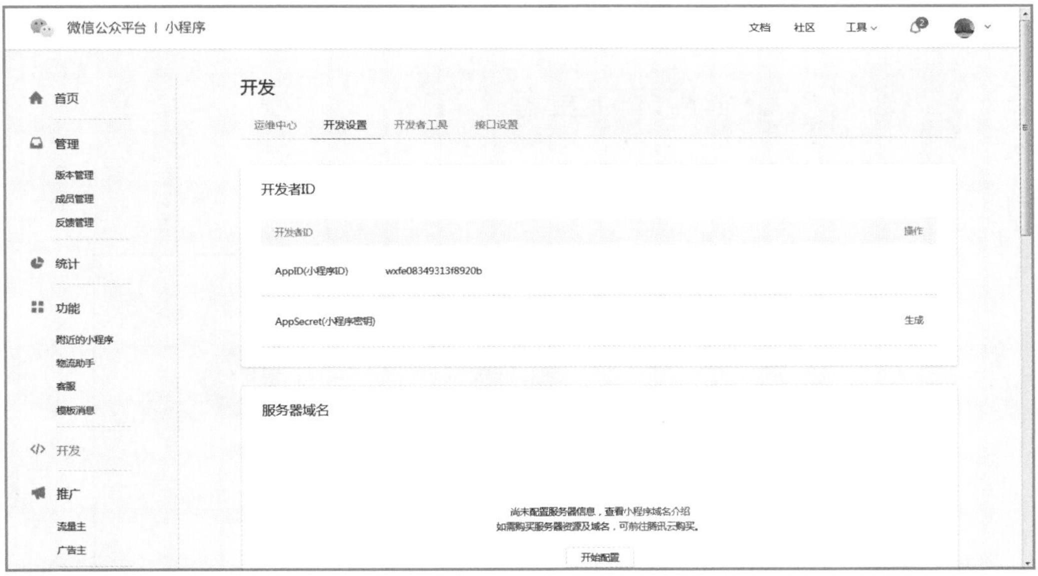

图 1.4 小程序 AppID 申请和查看页面

1.3 设置小程序信息

即使有了 AppID，也不能立即发布小程序，还需要进行小程序基本信息的设置。点击如图 1.3 所示的左下角的"设置"链接，在右侧出现的页面中进行诸如小程序名称、小程序头像等内容的设置，设置完成后的界面如图 1.5 所示。

图 1.5　小程序信息设置页面

1.4 下载并安装小程序开发者工具

打开 https://mp.weixin.qq.com 页面，滚动到下面后找到账号分类，如图 1.6 所示。

图 1.6　微信账号分类页面

当把光标放在"小程序"图标上面时,小程序图标变成"查看详情"按钮,点击"查看详情"按钮,在出现的界面中找到"开发支持"内容,如图1.7所示。选择"开发者工具"图标,在出现的界面中点击"微信开发者工具"链接,出现如图1.8所示的界面,根据自己电脑操作系统的版本下载相应的微信开发者工具并进行安装。

图1.7 小程序开发支持页面

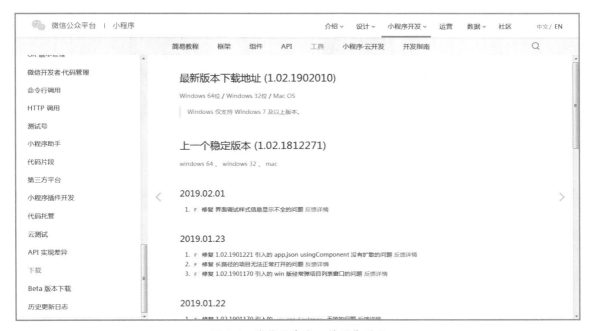

图1.8 微信开发者工具下载页面

1.5 创建和打开小程序

打开微信开发者工具之后,首先出现一个二维码界面,需要使用微信进行扫描,并在手机上进行确认后才能进行登录。登录后的界面如图1.9所示,此时如果选择某一个项目就可以直接打开该项目(最近建立或打开过的项目)。如果点击"+"图标,就会出现如图1.10所示的界面。如果新建项目，就选择界面最上面的"新建项目"按钮，然后点击"目录"最右侧的箭头，在弹出的窗口中选择一个空文件夹，然后填入 AppID 或直接使用"测试号"。如果要打开某一个项目，就选择界面最上面的"导入项目"按钮，然后点击"目录"最右侧的箭头，选择要打开项目的文件夹即可。

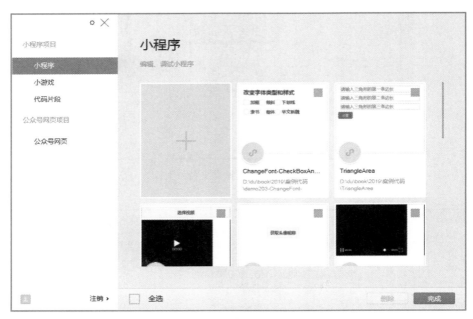

图 1.9　微信开发者工具登录界面

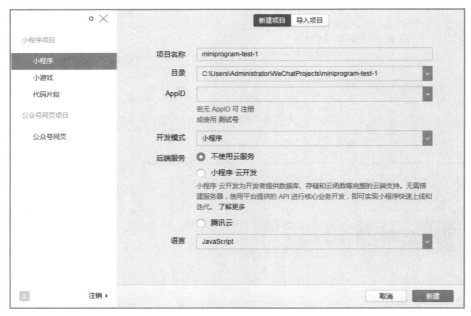

图 1.10　新建项目或导入项目界面

微信开发者工具的开发界面如图 1.11 所示。界面主要包括：模拟器、编辑器和调试器等窗口，点击界面左上角的图标，就会打开或关闭相应的窗口。

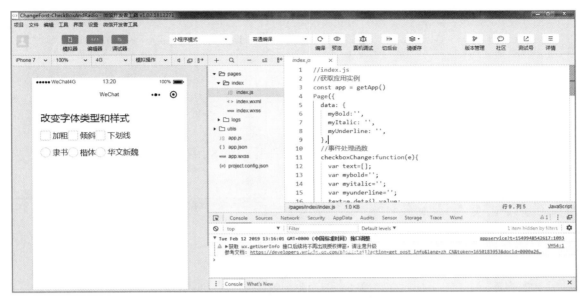

图 1.11　微信开发者工具开发界面

1.6　第一个微信小程序

1.6.1　案例描述

设计一个小程序，小程序运行后在界面上显示一句话："Hello Wechat！"。

1.6.2　实现效果

根据案例描述可以做出如图 1.12 所示的效果。在模拟器上运行的效果如图 1.12（a）所示，在真机上运行的效果如图 1.12（b）所示。

（a）模拟器运行效果　　　　　　　　　　（b）真机运行效果

图 1.12　案例在模拟器和真机上的运行效果

1.6.3　案例实现

1. 新建项目 HelloWechat。

2. 编写 index.wxml 文件代码。删除该文件中原有代码，添加如下代码。
index.wxml 文件：

```
<!--index.wxml-->
<view>
Hello Wechat!
</view>
```

3. 其他文件中的代码保持不变。

1.6.4 案例运行

1. 代码编写完成后，点击"编译"按钮或按下【Ctrl+S】组合键，即可看到如图 1.13 所示的模拟器中的运行结果。

图 1.13 小程序的运行过程及在模拟器上查看运行结果的方法

2. 如果想通过真机查看运行结果，则可以点击右上角的"预览"按钮，此时会弹出二维码，利用手机微信扫码可以直接在手机上查看运行结果。

1.6.5 相关知识

本案例涉及了 view 组件。该组件是微信小程序的基本组件，也是一个容器组件，用于布局或显示相关信息。

第 2 章 小程序编程基础

本章概要

本章通过 14 个案例介绍了小程序开发的基础知识,包括 HTML、CSS 和 JavaScript 中的基础知识和代码设计方法,为小程序开发奠定基础。

学习目标

- 掌握 HTML 的基本架构和常用标签的含义
- 掌握利用 CSS 设置组件样式和布局的方法
- 掌握 JavaScript 程序设计的基本方法和技巧

案例 2.1 字体样式设置

　1　　　　2　　　　3

2.1.1 案例描述

设计一个小程序，分别利用 style 和 class 属性设置字体样式，在 index.wxss 中定义样式类。所有的文字都包含在一个边框内，边框内上方有标题文字，边框和标题样式利用 class 属性来设置，在 app.wxss 中定义样式类。

2.1.2 实现效果

根据案例描述可以做出如图 2.1 所示的效果。边框样式和标题样式是在 app.wxss 文件中定义的样式类，在 index.wxml 文件中利用 class 引用。标题下面、双虚线上面的文字样式是在 index.wxml 中直接利用 style 来设置的，设置的字体样式为：sans-serif、30 像素。虚线下面的样式是通过在 index.wxss 文件中定义，在 index.wxml 文件中利用 class 来引用的，设置的字体样式为：Cursive、25 像素、倾斜、加粗。

图 2.1　字体样式设置案例运行效果

2.1.3 案例实现

1. 编写 index.wxml 文件代码。代码中主要使用了 view 组件的 style 和 class 属性来设置字体样式，其中 style 是直接在标签内部进行设置，而 class 则首先需要在 wxss 文件中定义样式类，然后在 wxml 文件中通过 class 属性引用。.box 和 .title 两种样式类分别用来设置边框和标题样式，它们在 app.wxss 文件中定义，是全局样式，可以在项目中的任何 WXML 文件中使用。fontStyle 样式类用来设置字体样式，在 index.wxss 文件中定义，一般只能在 index 页面文件中使用。

index.wxml 文件：

```
<!--index.wxml-->
<view class='box'>
  <view class='title'>字体样式设置</view>
  <view style='font-family:"sans-serif";font-size:30px;'>
    <view>利用 Style 设置字体样式：</view>
    <view>字体：sans-serif, 30 像素</view>
  </view>
  =======================
  <view class='fontStyle'>
    <view>利用 class 设置字体样式：</view>
    <view>字体：Cursive、25 像素、倾斜、加粗</view>
  </view>
</view>
```

2. 编写 app.wxss 文件代码。该文件定义了 .box 和 .title 两种全局样式类，以后的大多数案例都将使用这两种样式，在后面的案例中就不再赘述了。

app.wxss 文件：

```
/**app.wxss**/
.box{/** 定义用于设置边框的样式 **/
  margin:20rpx;                    /** 外边距 **/
  padding:20rpx;                   /** 内边距 **/
  border:1px solid silver;         /** 边框1px、实线、银灰色 **/
}

.title{                            /** 定义用于设置标题的样式 **/
  font-size:25px;                  /** 字体大小为25px **/
  text-align:center;               /** 文本水平对齐方式为居中 **/
  margin-bottom:15px;              /** 下外边距为15px **/
  color:red;                       /** 颜色为红色 **/
}
```

3. 编写 index.wxss 文件代码。代码中定义了 .fontStyle 样式类，该样式类在 index.wxml 文件中被使用。

index.wxss 文件：

```
/**index.wxss**/
.fontStyle{
  /* 定义样式类 */
  font-family:Cursive;             /* 设置字体类型 */
  font-size:25px;                  /* 设置字体大小 */
  font-style:italic;               /* 设置字体倾斜 */
  font-weight:bold;                /* 设置字体加粗 */
}
```

2.1.4 相关知识

本案例主要介绍了各种字体样式属性的名称及其含义，利用 style 和 class 设置字体样式的方法，以及在 index.wxss 和 app.wxss 中定义样式类的方法。

字体属性包括字体类型、大小、粗细、风格（如斜体）和变形（如小型大写字母）等。常用字体样式属性见表 2.1。

表 2.1 常用字体样式属性

属性	含义	属性值举例
font-family	字体类型	serif, sans-serif, monospace, cursive, fantasy, …
font-size	字体大小	5px/rpx/cm, large, small, medium, larger, smaller, …
font-style	字体倾斜	italic, normal, oblique, …
font-weight	字体粗细	bold, bolder, lighter, …

view 组件支持使用 style、class 属性来设置组件的样式，静态的样式一般写到 class 中，动态的样式一般写到 style 中，这样可以提高渲染速度。class 引用的样式类可以在 index.wxss 和 app.wxss 中定义，在 app.wxss 中定义的样式是全局样式，可以在项目中的任何页面使用，而在 index.wxss 中定义的样式一般只在 index 页面中使用。

2.1.5 总结与思考

1. 本案例主要涉及如下知识要点：
（1）各种字体样式属性名称及其含义。
（2）利用 style 和 class 设置字体样式的方法。
（3）在 index.wxss 和 app.wxss 中定义样式类的方法。
2. 请思考以下问题：
（1）利用 style 设置字体属性时，文本型的属性值是否需要用引号引起来？
（2）在 wxss 文件中定义样式类时，文本型的属性值是否需要用引号引起来？

案例 2.2 文本样式设置

2.2.1 案例描述

设计一个小程序，利用 class 属性设置文本样式，包括：设置文本颜色，字符间距，文本对齐，文本装饰，文本缩进，等等。

2.2.2 实现效果

根据案例描述可以做出如图 2.2 所示的效果。对双虚线以上中文文本的颜色、字符间距、对齐方式、文本装饰、文本缩进进行了设置。对双虚线以下英文文本的对齐方式、字间距、文本转换和空白符进行了设置。

2.2.3 案例实现

1. 编写 index.wxml 文件代码。代码中利用 class 设置了 2 种文本的样式，双虚线以上文本采用 .textStyle01 样式，双虚线以下文本采用 .textStyle02 样式。

index.wxml 文件：

图 2.2 文本样式设置案例运行效果

```
<!--index.wxml-->
<view class='box'>
  <view class='title'>文本样式设置</view>
  <view class='textStyle01'>
     文本属性可定义文本的外观。 通过设置文本属性,您可以改变文本的颜色、字符间距,对齐文本,装饰文本,对文本进行缩进,等等。
  </view>
```

```
====================
<view class='textStyle02'>
    North China University of Technology(NCUT)is located in the
western part of Beijing,which is a municipal university founded in 1946.
    </view>
</view>
```

2. 编写 index.wxss 文件代码。代码定义了 2 个样式：.textStyle01 和 .textStyle02。
index.wxss 文件：

```
/*index.wxss*/
.textStyle01{
  /* 文本样式 01*/
  color:red;                          /* 文本颜色：红色 */
  letter-spacing:10px;                /* 字符间距：10 像素 */
  text-align:left;                    /* 文本对齐：左对齐 */
  text-indent:50px;                   /* 首行缩进 */
  text-decoration:underline;          /* 文本修饰样式：下画线 */
  text-decoration-color:#00f;         /* 修饰样式颜色：下画线颜色 */
  line-height:30px;                   /* 行间距 */
  white-space:normal;
}

.textStyle02{
  /* 文本样式 02*/
  text-align:justify;                 /* 文本对齐：两端对齐 */
  word-spacing:20px;                  /* 字间距：20px*/
  text-transform:uppercase;           /* 文本中的字母转换为其他形式：大写 */
  white-space:pre-wrap;               /* 文档中的空白处保留空白、缩进和正常换行 */
}
```

2.2.4 相关知识

文本属性可定义文本的外观。通过文本属性可以设置文本颜色，字符间距，文本对齐，文本装饰，文本缩进，等等。常用的文本属性如表 2.2 所示。

表 2.2 常用文本样式属性

属　性	含　义	属性值举例
color	文本颜色	red, #0000ff, #0f0, rgb(red,green,blue), rgba(red,green,blue,alpha)
text-align	文本对齐	left/right/center/justify
text-indent	文本缩进	length：固定尺寸的缩进，默认值为 0，可以是负数和正数 %：定义基于父元素宽度的百分比的缩进 inherit：继承父元素 text-indent 属性的值
letter-spacing	字符间距	normal/< 长度值 >

续上表

属性	含义	属性值举例
word-spacing	单词间距，以空格来区分单词	normal/< 长度值 >
white-space	文档中的空白处	normal：默认忽略多个空格，只输出一个空格 nowrap：强制不换行 pre：空格 / 缩进 / 换行，会保留 pre-line：合并空表（多个空格只会输出一个空格） pre-warp：保留空白 / 缩进，正常换行
text-decoration	文本装饰	none：没有下画线 overline：定义文本上的一条线 line-through：定义穿过文本下的一条线 underline：定义文本下的一条线
text-decoration-color	文本装饰颜色	red, #0000ff, #0f0, rgb(red,green,blue), rgba(red,green,blue,alpha)

2.2.5 总结与思考

1. 本案例主要涉及如下知识要点：常用文本样式属性的含义。
2. 请思考以下问题：在哪些网站可以方便地查到文本的属性？

案例 2.3 图片与声音

2.3.1 案例描述

设计一个小程序，小程序运行后显示一张猫图，点击猫图后会发出猫叫的声音。

2.3.2 实现效果

根据案例描述可以做出如图 2.3 所示的效果。小程序的界面首先显示一张猫图，当点击猫图时会发出猫叫的声音。

2.3.3 案例实现

1. 在项目根目录下创建 images 和 audios 文件夹，并把 kitty.png 图片文件和 meow.mp3 声音文件分别复制到 images 和 audios 文件夹中（注：audios 文件夹必须在根目录下）。

2. 编写 index.wxml 文件代码。代码中主要使用了 image 组件，并在组件中进行了数据绑定和事件绑定。image 组件用来设置图片，其中的 src 属性用来指定图片的路径，本案例绑定了属性值 imgSrc，该值在 index.js 文件中的 data 中进行了初始化；bindtap 属性绑定了点

图 2.3 图片与声音案例运行效果

击图片事件函数 tapCat，该函数在 index.js 文件中进行了定义。

index.wxml 文件：

```
<!--index.wxml-->
<view class='box'>
  <view class='title'>图片和声音</view>
  <view style='text-align:center;'>
    <image src='{{imgSrc}}' bindtap='tapCat'></image>
  </view>
</view>
```

3. 编写 index.js 文件代码。代码在 data 中给出了图片路径，并定义了点击图片事件处理函数 tapCat。

index.js 文件：

```
//index.js
Page({
  data:{
    imgSrc:'/images/kitty.png'                //图片源文件
  },
  tapCat:function(){
    let audio=wx.createInnerAudioContext()    //创建音频上下文
    audio.src='/audios/meow.mp3'              //设置音频源文件，需要放在根目录下
    audio.play()                              //播放音频
  }
})
```

2.3.4 相关知识

本案例主要涉及 image 图片组件的使用方法，音频的创建和使用方法，以及数据和事件绑定的实现方法。

1. image 组件。支持 JPG、PNG、SVG 格式，用 src 属性指定图片的路径。

2. 使用音频。首先要利用 API 函数 wx.createInnerAudioContext() 创建音频上下文，然后设置该上下文的源文件 src，并利用 play() 函数播放音频。

3. 数据绑定。WXML 文件中的动态数据通过 {{}} 符号与 JS 文件中的数据进行绑定，这样 JS 中的数据就可以传给 WXML 文件。这种传递是单向的。

4. 事件绑定。在 WXML 文件组件标签内利用 "bind…= 函数名" 绑定组件事件与函数，并在 JS 文件中定义该事件函数。

2.3.5 总结与思考

1. 本案例主要涉及如下知识要点：
（1）image 组件和音频的使用方法。
（2）数据和事件绑定的实现方法。

2. 请思考以下问题：如果界面中有多个动物图片，点击不同的动物图片会发出不同的叫声，应该如何实现？

案例 2.4 盒模型

2.4.1 案例描述

设计一个小程序，利用盒模型的相关属性实现不同的布局模式。

2.4.2 实现效果

根据案例描述可以做出如图 2.4 所示的效果。从运行结果来看，该案例使用了 3 个盒模型，通过设置不同的模型高度、宽度、背景颜色、边框、内边距和外边距等，实现了不同的效果。

图 2.4 盒模型案例运行效果

2.4.3 案例实现

1. 编写 index.wxml 文件代码。代码使用了 3 个模型样式：.boxModel01、.boxModel02 和 .boxModel03，通过设置 3 个模型样式的相关属性显示不同的模块效果。

index.wxml 文件：

```
<!--index.wxml-->
<view class='box'>
  <view class='title'> 盒模型 </view>
  <view class='boxModel01'>
    .boxModel01{width:80%;height:120px;background-color:yellow;border:3px dashed #FF0000;padding:20px;margin:20px;}
  </view>
  <view class='boxModel02'>
    .boxModel02{width:80%;height:120px;border:5px solid rgb(0,255,0);padding-top:20px;margin-bottom:20px;}
  </view>
  <view class='boxModel03'>
    .boxModel03{width:80%;height:120px;border:5px dotted rgba(0,0,255,0.3);padding-left:20px;margin:0 20px;}
  </view>
</view>
```

2. 编写 index.wxss 文件代码。代码定义了 3 个盒模型样式：.boxModel01、.boxModel02 和 .boxModel03。

index.wxss 文件：

```
/*index.wxss*/
.boxModel01{
  width:80%;
  height:100px;
```

```
    background-color:yellow;          /* 背景颜色 */
    border:3px dashed #f00;
    padding:20px;                     /* 内边距 */
    margin:20px;                      /* 外边距 */
}
.boxModel02{
    width:80%;
    height:100px;
    border:5px solid rgb(0,255,0);
    padding-top:20px;                 /* 内上边距 */
    margin-bottom:20px;               /* 外下边距 */
}
.boxModel03{
    width:80%;
    height:120px;
    border:5px dotted rgba(0,0,255,0.3);
    padding-left:20px;                /* 内左边距 */
    margin:0 20px;                    /* 外上下边距为0，左右边距为20px*/
}
```

2.4.4 相关知识

1. 盒模型。所有 WXML 元素都可以看作盒子，在 WXSS 中，box model 这一术语是用来设计布局时使用。盒模型本质上是一个盒子，封装周围的 WXML 元素，它包括边距、边框、填充和实际内容，模型结构如图 2.5 所示，各部分说明如下。

（1）element（内容）：盒子的内容，包括文本和图像。

（2）padding（内边距）：清除内容周围的区域，内边距是透明的。

（3）border（边框）：围绕在内边距和内容外的边框。允许指定一个元素边框的样式、宽度和颜色。

（4）margin（外边距）：清除边框外的区域，外边距是透明的。

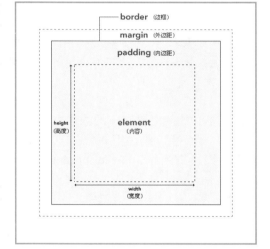

图 2.5 盒模型

（5）width（宽度）：盒子内容的宽度。

（6）height（高度）：盒子内容的高度。

2. 边框样式。border-style 属性用来定义边框的样式，属性值如表 2.3 所示。

表 2.3 边框样式类型及说明

边框样式	说　明
none	默认无边框

续上表

边框样式	说 明
dotted	定义一个点线边框
dashed	定义一个虚线边框
solid	定义实线边框
double	定义两个边框。两个边框的宽度和 border-width 的值相同
groove	定义 3D 沟槽边框。效果取决于边框的颜色值
ridge	定义 3D 脊边框。效果取决于边框的颜色值
inset	定义一个 3D 嵌入边框。效果取决于边框的颜色值
outset	定义一个 3D 突出边框。效果取决于边框的颜色值

3. 边框宽度。border-width 属性用于设置边框宽度。有两种设置边框宽度的方法：
（1）指定长度值，比如 2px 或 0.1em（单位为 px, pt, cm, em 等）。
（2）使用 3 个关键字之一：thick 、medium（默认值）和 thin。

4. 边框颜色。border-color 属性用于设置边框的颜色，可以使用以下方法设置边框颜色。
（1）Name：指定颜色的名称，如"red"。
（2）RGB：指定 RGB 值，如"rgb(255,0,0)"。
（3）RGBA：指定 RGBA 值，如"rgba(255,0,0,1)"。
（4）Hex：指定十六进制值，如"#ff0000"。

注意：R（Red）、G（Green）、B（Blue）的范围在 0 ~ 255 之间，A（Alpha）表示透明度，其范围在 0 ~ 1 之间。

5. 单独设置各边。可以通过 border-top、border-right、border-bottom、border-left 属性设置不同的侧面具有不同的边框。

6. 一次性设置边框属性。可以利用 border 属性一次性设置边框宽度、边框样式和边框颜色，设置方法是：border:border-width border-style border-color，如：border: 3px dashed #00ff00。

2.4.5 总结与思考

1. 本案例主要涉及如下知识要点：
（1）盒模型的结构。
（2）边框的设置方法，包括边框宽度、样式和颜色。
（3）边距的设置方法，包括外边距和内边距。

2. 请思考以下问题：
（1）盒模型中的内容超出了给定的模型尺寸，即超出了 width 和 height 限定的范围，模型应该如何处理？
（2）盒模型的背景包括 padding 的范围吗？
（3）当上面模型的下边距为 20px，下面模型的上边距为 30px，两个模型之间的边距是 50px 吗（参照边距合并来解释）？

案例 2.5 flex 弹性盒模型布局

2.5.1 案例描述

设计一个小程序，利用 flex 弹性盒模型布局实现三栏布局、左右混合布局和上下混合布局。

2.5.2 实现效果

根据案例描述可以做出如图 2.6 所示的效果。上面部分实现了三栏布局，中间部分实现了左右混合布局，下面部分实现了上下混合布局。

2.5.3 案例实现

编写 index.wxml 文件代码。代码利用 view 组件中嵌套 3 个 view 组件，通过设置 view 组件的 style 属性来实现需要的布局。

（1）实现三栏水平均匀布局，在外层 view 组件中嵌套 3 个等分的 view 组件即可，外层的 view 组件采用水平方向的 flex 布局（默认的 flex 布局为水平方向）。嵌套的 view 组件要实现等分，通过设置 flex-grow:1 属性即可，如果不等分，则可以设置 flex-grow 属性的值不同。

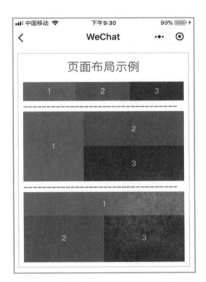

图 2.6 flex 弹性盒模型布局案例运行效果

（2）实现左右混合布局，先在 1 个 view 中嵌套 2 个水平方向 flex 布局的 view（通过在外层 view 中设置 display:flex 来实现，主轴方向默认为水平方向），按需要设置宽度，然后在右侧的 view 中再嵌套 2 个垂直布局的 view 组件（通过在外层 view 中设置 display:flex;flex-direction:column 来实现）。

（3）实现上下混合布局，先在 1 个 view 中嵌套 2 个垂直方向 flex 布局的 view（通过在外层 view 中设置 display:flex;flex-direction:column 来实现），按需要设置高度，然后在下方的 view 中再嵌套 2 个水平布局的 view 组件（通过在外层 view 中设置 display:flex;flex-direction:row 来实现）。

（4）文字的水平居中对齐采用 text-align:center 属性设置来实现，垂直居中对齐通过设置 line-height 的值来实现。

index.wxml 文件：

```
<!--index.wxml-->
<view class='box'>
  <view class='title'> 页面布局示例 </view>
  <!-- 实现三栏水平均匀布局 -->
  <view style='display:flex;text-align:center;line-height:80rpx;'>
    <view style='background-color:red;flex-grow:1;'>1</view>
    <view style='background-color:green;flex-grow:1;'>2</view>
    <view style='background-color:blue;flex-grow:1;'>3</view>
```

```
        </view>
        -------------------------------
        <!-- 实现左右混合布局 -->
        <view style='display:flex;height:300rpx;text-align:center;'>
            <view style='background-color:red;width:250rpx;line-height:300rpx;'>1</view>
            <view style='display:flex;flex-direction:column;flex-grow:1;line-height:150rpx;'>
                <view style='background-color:green;flex-grow:1;'>2</view>
                <view style='background-color:blue;flex-grow:1;'>3</view>
            </view>
        </view>
        -------------------------------
        <!-- 实现上下混合布局 -->
        <view style='display:flex;flex-direction:column;line-height:300rpx;text-align:center;'>
            <view style='background-color:red;height:100rpx;line-height:100rpx;'>1</view>
            <view style='flex-grow:1;display:flex;flex-direction:row;'>
                <view style='background-color:green;flex-grow:1;'>2</view>
                <view style='background-color:blue;flex-grow:1;'>3</view>
            </view>
        </view>
    </view>
```

2.5.4 相关知识

本案例主要涉及 flex 布局和利用 line-height 属性设置盒模型中文本垂直居中对齐的方法。

1. flex 是 flexible box 的缩写，意为"弹性布局"，用来对盒状模型进行布局。采用 flex 布局的元素称为 flex 容器（flex container），简称"容器"。它的所有子元素自动成为容器成员，称为 flex 项目（flex item），简称"项目"。容器默认存在两根轴：主轴（main axis）和交叉轴（cross axis）。主轴的开始位置（与边框的交叉点）叫做 main start，结束位置叫做 main end；交叉轴的开始位置叫做 cross start，结束位置叫做 cross end。项目默认沿主轴排列。单个项目占据的主轴空间叫做 main size，占据的交叉轴空间叫做 cross size，如图 2.7 所示。

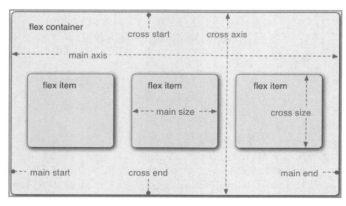

图 2.7　flex 弹性盒模型布局

（1）flex 容器布局属性如表 2.4 所示。

表 2.4　flex 容器布局属性

属　性	含　义	合　法　值
flex-direction	主轴的方向（即项目的排列方向）	row, row-reverse, column, column-reverse
flex-wrap	如果一条轴线排不下，如何换行	nowrap, wrap, wrap-reverse
justify-content	项目在主轴上的对齐方式	flex-start, flex-end, center, space-between, space-around
align-items	项目在交叉轴上的对齐方式	flex-start, flex-end, center, baseline, stretch
align-content	项目在交叉轴上有多根轴线时的对齐方式	flex-start, flex-end, center, space-between, space-around, stretch

（2）flex 项目布局属性如表 2.5 所示。

表 2.5　flex 项目布局属性

属　性	说　明
order	项目的排列顺序。数值越小，排列越靠前，默认为 0
flex-grow	各项目宽度之和小于容器宽度时，各项目分配容器剩余宽度的放大比例，默认为 0，即不放大
flex-shrink	各项目宽度之和大于容器宽度时，各项目缩小自己宽度的比例，默认为 1，即该项目将缩小
flex-basis	元素宽度的属性，和 width 功能相同，但比 width 的优先级高
flex	是 flex-grow, flex-shrink 和 flex-basis 的简写，默认值为 0 1 auto。后两个属性可选
align-self	允许单个项目有与其他项目不一样的对齐方式，可覆盖 align-items 属性。默认值为 auto，表示继承父元素的 align-items 属性，如果没有父元素，则等同于 stretch

2. 利用 line-height 设置文本垂直居中原理。line-height 可以理解为每行文字所占的高度。比如说，有一行高度为 20px 的文字，如果设置为 line-height:50px，那就是说，这行文字的高度会占 50px，由于每个字的高度只有 20px，于是浏览器就把多出来的 30px（50px-20px）在这行文字的上面加上了 15px，下面加上了 15px，这样文字就在这 50px 的空间内是居中的了（这是浏览器规定的）。

2.5.5　总结与思考

1. 本案例主要涉及如下知识要点：
（1）flex 布局方法。
（2）利用 line-height 属性实现文字垂直居中对齐的方法。
2. 请思考以下问题：
（1）布局除了 flex，还有哪些其他布局？
（2）当元素的 height 和 line-height 的值相等，元素中的内容是否能垂直居中对齐？

案例 2.6 导航与布局

2.6.1 案例描述

设计一个实现导航功能的小程序。导航页面包含多行导航内容，每行导航内容包括 1 个 icon 图标、1 个说明文本和 1 个箭头图片，icon 图标在最左侧、文本在 icon 右侧，图片在最右侧。当点击某一行导航内容时都能进入相应的页面。

2.6.2 实现效果

根据案例描述可以做出如图 2.8 所示的效果。初始导航页面如图 2.8（a）所示，每一行都包含 3 个元素，当点击任意一行的任何位置时，都能进入新的页面，如点击 "Include" 导航行时，出现的页面如图 2.8（b）所示，从而实现页面导航。

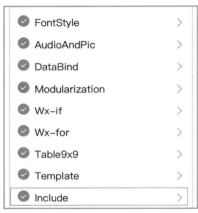

（a）导航页面　　　　　　　　　　　　　　（b）Include 目标页面

图 2.8　导航与布局案例运行效果

2.6.3 案例实现

1. 编写 index.wxml 文件代码。这是结果界面中某一导航行的代码，其他导航行的代码与该行代码类似，这里就没有全部列出。代码中的 navigator 标签是导航组件，url 属性表示链接到小程序项目内部的页面。navigator 标签内部有一个 view 容器，内部嵌套了 icon 图标组件、view 组件（其中是文本）和 image 图片组件，并利用 .waikuang 样式类实现了这 3 个组件的布局。

index.wxml 文件：

```
<!--index.wxml-->
  <navigator url='Include/index'>
    <view class='waikuang'>
      <icon type='success' class='myleft'></icon>
      <view class='mycenter'>Include</view>
```

```
            <image src='/images/right-arrow.png' class='myright'></image>
    </view>
</navigator>
```

2. 编写 index.wxss 文件代码。文件中定义了 5 个样式：navigator、.waikuang、.myleft、.mycenter 和 .myright。navigator 样式前面没有点，表明该样式对所有 navigator 组件都起作用，前面带点的样式需要通过 class 属性引用才能起作用。

index.wxss 文件：

```
/*index.wxss*/
navigator{
    /* 该样式对所有 navigator 组件起作用 */
    margin:5px;            /* 外边距为 5px*/
    font-size:20px;        /* 字体大小为 20px*/
}
.waikuang{
    /* 用于设置某一行的整体布局 */
    display:flex;          /* 布局类型 */
    flex-direction:row;    /* 设置主轴方向为水平方向 */
    margin:5px 0px;        /* 外边距上下为 5px，左右为 0*/
    padding:5px 0px;       /* 内边距上下为 5px，左右为 0*/
}
.myleft{
    /* 用于设置某一行左边元素的样式 */
    margin-right:10px;   /* 右外边距上下为 10px*/
}
.mycenter{
    /* 用于设置某一行中间元素的样式 */
    flex:1;            /* 相当于 flex-grow:1，设置弹性盒子的扩展比率为 1*/
}
.myright{
    /* 用于设置某一行右边元素的样式 */
    width:40rpx;
    height:40rpx;
    margin-top:5px;
}
```

2.6.4 相关知识

本案例涉及 flex 布局、navigator 组件和 icon 组件。

1. navigator 组件。navigator 组件能够实现页面链接，其主要属性如表 2.6 所示。

表 2.6 navigator 组件属性

属性	类型	默 认 值	必 填	说　　明
target	string	self	否	在哪个目标上发生跳转，默认当前小程序
url	string		否	当前小程序内的跳转链接地址

续上表

属 性	类 型	默认值	必 填	说 明
open-type	string	navigate	否	跳转方式
delta	number	1	否	当 open-type 为 navigateBack 时有效，表示回退的层数
app-id	string		否	当 target="miniProgram" 时有效，要打开的小程序 AppID
path	string		否	当 target="miniProgram" 时有效，打开的页面路径，如果为空则打开首页

target 的合法值如表 2.7 所示。

表 2.7　target 的合法值

值	说 明
self	当前小程序
miniProgram	其他小程序

open-type 的合法值如表 2.8 所示。

表 2.8　open-type 的合法值

值	说 明
navigate	保留当前页面，跳转到应用内的某个页面
redirect	关闭当前页面，跳转到应用内的某个页面
switchTab	跳转到 tabBar 页面，并关闭其他所有非 tabBar 页面
reLaunch	关闭所有页面，打开到应用内的某个页面
navigateBack	关闭当前页面，返回上一页面或多级页面
exit	退出小程序，target="miniProgram" 时生效

2. icon 组件。icon 组件是小程序的图标组件，其主要属性见表 2.9 所示。

表 2.9　icon 属性说明

属 性	类 型	默认值	说 明
type	string		icon 的类型，有效值：success, success_no_circle, info, warn, waiting, cancel, download, search, clear
size	number / string	23px	icon 的大小
color	color		icon 的颜色，同 css 的 color

2.6.5　总结与思考

1. 本案例涉及如下知识要点：

（1）navigator 导航组件的使用方法。

（2）icon 图标组件的使用方法。

2. 请思考以下问题：如果将 .mycenter 样式中的 flex: 1 修改为 flex: 10，界面是否会发生变化？

案例 2.7　float 页面布局

1　　　　2

2.7.1　案例描述

设计一个小程序，利用 float 布局实现需要的布局效果。

2.7.2　实现效果

根据案例描述可以做出如图 2.9 所示的效果。上面是 4 个颜色块，分成 3 行，都是居中对齐，文字显示在左上角。下面是 5 个颜色块，最上面颜色块占 1 行，第 2 行是 3 个颜色块，第 3 行是 1 个颜色块，每个颜色块中的文字都是在水平和垂直方向居中对齐。这是常用的网站布局方式。

2.7.3　案例实现

1. 编写 index.wxml 文件代码。在样式为 bg1 的 view 块中嵌套了样式为 box1、box2、box3 和 box4 的 4 个 view 块，在样式为 bg2 的 view 块中嵌套了 header、leftBar、main、rightBar 和 footer 的 5 个 view 块。每个 view 块的样式和布局都是通过使用相应的样式类来设置的。

index.wxml 文件：

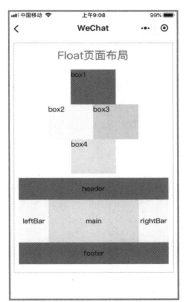

图 2.9　float 页面布局案例运行效果

```
<!--index.wxml-->
<view class='box'>
  <view class='title'>Float 页面布局</view>
  <view class='bg1'>
    <view class='box1'>box1</view>
    <view class='box2'>box2</view>
    <view class='box3'>box3</view>
    <view class='box4'>box4</view>
  </view>
  <view class='bg2'>
    <view class='header'>header</view>
    <view class='leftBar'>leftBar</view>
    <view class='main'>main</view>
    <view class='rightBar'>rightBar</view>
    <view class='footer'>footer</view>
  </view>
</view>
```

2. 编写 index.wxss 文件代码。文件定义了 11 个样式类：.bg1、.box1、.box2、.box3 和 .box4，以及 .bg2、.header、.leftBar、.main、.rightBar 和 .footer。每个样式类的定义详见代码中的注释。

index.wxss 文件：

```
/*index.wxss*/
.bg1{
  /* 背景 1*/
  height:240px;
  width:200px;
  margin:10px auto;      /* 上下边距为 10px，左右边距平均分配（实现水平居中对齐）*/
}
.box1{
  /* 背景 1 中的第 1 个颜色块 */
  width:100px;
  height:80px;
  background-color:red;
  margin:0 auto;
}
.box2{
  /* 背景 1 中的第 2 个颜色块 */
  width:100px;
  height:80px;
  background-color:yellow;
  float:left;            /* 左浮动 */
}
.box3{
  /* 背景 1 中的第 3 个颜色块 */
  width:100px;
  height:80px;
  background-color:gold;
  float:right;           /* 右浮动 */
}
.box4{
  /* 背景 1 中的第 4 个颜色块 */
  width:100px;
  height:80px;
  background-color:greenyellow;
  margin:0 auto;
  clear:both;            /* 清除左右两边浮动 */
}

.bg2{
  /* 背景 2*/
  height:400rpx;
  text-align:center;
```

```
    margin:10px auto;
}
.header{
    /* 头部标题区 */
    line-height:100rpx;              /* 定义行高,同时实现文字垂直方向居中对齐 */
    background-color:red;
}
.leftBar{
    /* 左边导航区 */
    width:20%;
    line-height:200rpx;              /* 定义行高,同时实现文字垂直方向居中对齐 */
    background-color:yellow;
    float:left;                      /* 左浮动 */
}
.main{
    /* 中间内容区 */
    width:60%;
    line-height:200rpx;
    background-color:rgb(157,255,0);
    float:left;                      /* 左浮动 */
}
.rightBar{
    /* 右边内容区 */
    width:20%;
    line-height:200rpx;
    background-color:yellow;
    float:right;                     /* 右浮动 */
}
.footer{
    /* 底部版权区 */
    line-height:100rpx;
    background-color:red;
    clear:both;
}
```

2.7.4 相关知识

本案例主要使用了 float 和 clear 属性进行布局,利用 margin 属性实现组件居中对齐的方法。

1. float 属性。浮动的框可以向左或向右移动,直到它的外边缘碰到包含框或另一个浮动框的边框为止。由于浮动框不在文档的普通流中,所以文档的普通流中的块框表现得就像浮动框不存在一样。和 CSS 一样,在 WXSS 中,通过 float 属性实现元素的浮动。float 的合法值如表 2.10 所示。

表 2.10　float 属性的合法值

合　法　值	说　　明
left	元素向左浮动
right	元素向右浮动
none	默认值。元素不浮动，并会显示在其在文本中出现的位置
inherit	规定应该从父元素继承 float 属性的值

2. clear 属性。清除浮动，它的合法值如表 2.11 所示。

表 2.11　clear 属性的合法值

合　法　值	说　　明
left	在左侧不允许浮动元素
right	在右侧不允许浮动元素
both	在左右两侧均不允许浮动元素
none	默认值。允许浮动元素出现在两侧
inherit	从父元素继承 clear 属性的值

3. margin 属性。利用 margin 属性实现水平居中对齐。如果想实现块的水平居中对齐，可以通过 margin 左右边距为 auto 的方式来实现，这样块左右边距将平均分配，从而实现了块的水平居中对齐。

2.7.5　总结与思考

1. 本案例主要涉及如下知识要点：
（1）float 属性的使用方法。
（2）clear 属性的使用方法。
（3）利用 margin 属性实现水平居中对齐的方法。
2. 请思考以下问题：如何利用定位和浮动实现复杂布局方式？

2.8　摄氏温度转华氏温度

2.8.1　案例描述

设计一个根据摄氏温度 C 求华氏温度 F 的微信小程序，华氏温度的计算公式如下：

$$F = (9/5) \times C + 32$$

2.8.2　实现效果

根据案例描述可以做出如图 2.10 所示的效果。当在输入框中输入数据时，界面下面自动弹出数字键盘，如图 2.10（a）所示。当在文本输入框中输入 20 并点击其他地方时，计算结果如图 2.10（b）所示，此时计算结果已经算出，数字键盘自动消失。

（a）输入数据界面　　　　　（b）计算结果界面

图 2.10　摄氏温度转华氏温度案例运行效果

2.8.3　案例实现

1. 编写 index.wxml 文件代码。代码中使用了 input 组件输入数据，使用了 placeholder 属性提示用户输入，使用了 digit 属性实现在真机上输入时弹出数字键盘，使用了 bindblur 属性引发 input 组件失去焦点时的动作事件——根据摄氏温度计算华氏温度。此外，input 组件样式通过 input 样式进行了设置。

index.wxml 文件：

```
<!--index.wxml-->
<view class='box'>
  <view class='title'>摄氏温度转华氏温度</view>
  <view>
    <input placeholder=' 请输入摄氏温度 '  type='digit' bindblur='calc'/>
  </view>
  <view> 华氏温度为 :{{F}} </view>
</view>
```

2. 编写 index.wxss 文件代码。该文件定义了 input 样式，设置了 input 组件的边距和下边框线条样式。

index.wxss 文件：

```
/**index.wxss**/
input{
  margin: 20px 0; /* 设置 input 组件上下边距为 20px，左右边距为 0*/
  border-bottom: 1px solid blue;  /* 设置 input 组件下边框粗细为 1px、实心、蓝色 */
}
```

3. 编写 index.js 文件代码。代码实现了由 input 组件失去焦点时引发的动作的事件 bindblur，该事件对应的函数是 calc，函数的参数 e 表示 input 组件失去焦点事件，函数中首先定义 2 个变量 C 和 F 用来存储摄氏温度和华氏温度，然后利用 e.detail.value 获取 input 组件中的数值并赋值给 C，然后根据 C 计算出 F，并通过 this.setData() 函数将 F 值由逻辑层传递给视图层，并在 index.wxml 文件中显示出来。

index.js 文件：

```
//index.js
Page({
  //事件处理函数
  calc:function(e){
    var C,F;            //变量的定义
    C=e.detail.value;   //获取输入框中输入的数值
    //求出华氏温度的值 F，并把该值传递到 index.wxml 文件中的 {{F}}
    this.setData({
      F:C*9/5+32
    })
  }
})
```

2.8.4 相关知识

本案例主要演示了 JavaScript 中顺序结构的程序设计方法、数学运算的基本方法、input 组件的使用方法、数据和事件绑定的实现方法。

1. JavaScript 中顺序结构的程序设计方法。顺序结构程序设计是指按照解决问题的顺序写出相应的语句，它的执行顺序是自上而下，依次执行。

2. JavaScript 中数学运算的基本方法。JavaScript 中的数学运算需要将数学表达式利用 JavaScript 运算符和函数等转换成 JavaScript 表达式。

3. input 输入框组件使用方法。该组件主要用于输入数据，其常用属性如表 2.12 所示。

表 2.12 input 组件常用属性

属性	类型	默认值	说明
value	string		输入框的初始内容
type	string	text	input 的类型
password	boolean	false	是否是密码类型
placeholder	string		输入框为空时的占位符
placeholder-style	string		指定 placeholder 的样式
maxlength	number	140	最大输入长度，设置为 -1 时候不限制最大长度
bindinput	eventhandle		键盘输入时触发，event.detail = {value, cursor, keyCode}，keyCode 为键值，2.1.0 起支持，处理函数可以直接 return 一个字符串，将替换输入框的内容

续上表

属　性	类　型	默认值	说　明
bindfocus	eventhandle		输入框聚焦时触发，event.detail = { value, height }，height 为键盘高度，在基础库 1.9.90 起支持
bindblur	eventhandle		输入框失去焦点时触发，event.detail = {value: value}

type 属性是指利用真机运行时，当在输入框中输入数据时，根据 type 属性指定的类型弹出来的键盘类型，而不是输入内容的类型。其有效值如表 2.13 所示。

表 2.13　type　有效值

值	说　明	值	说　明
text	文本输入键盘	idcard	身份证输入键盘
number	数字输入键盘	digit	带小数点的数字键盘

2.8.5　总结与思考

1. 该案例主要涉及如下知识要点：
（1）input 组件的使用方法。
（2）数学表达式转换为 JavaScript 表达式的方法。
（3）JavaScript 程序顺序执行的实现方法。
2. 请思考如下问题：如何利用 JavaScript 表达如下数学表达式？

$$x = \frac{-b + \sqrt{b^2 - 4ac}}{2a}$$

案例 2.9　条件语句和数学函数

2.9.1　案例描述

设计一个利用条件结构和数学函数进行计算的小程序。当输入 x 值时，根据下面的公式计算出 y 的值。

$$y = \begin{cases} |x| & (x < 0) \\ e^x \sin x & (0 \leqslant x < 10) \\ x^3 & (10 \leqslant x < 20) \\ (3 + 2x) \ln x & (x \geqslant 20) \end{cases}$$

2.9.2　实现效果

根据案例描述可以做出如图 2.11 所示的效果。当 $x = -100$ 时，计算出的 $y = 100$，如图 2.11（a）所示。当 $x = 11.5$ 时，计算出的 $y = 1520.875$，如图 2.11（b）所示。当 $x = 22.5$ 时，计算出的 $y = 149.4487$，如图 2.11（c）所示。

（a）x=-100 时　　　　　（b）x=11.5 时　　　　　（c）x=22.5 时

图 2.11　条件语句和数学函数案例运行效果

2.9.3　案例实现

1. 编写 index.wxml 文件代码。文件主要包括 input 组件，并利用该组件绑定了 calc 函数。该组件通过 input 样式设置了下边框线和边距。

index.wxml 文件：

```
<!--index.wxml-->
<view class='box'>
  <view class='title'>条件语句和数学函数</view>
  <view>
    <input placeholder='请输入x的值' bindblur='calc'></input>
  </view>
  <view>计算y的值为：{{y}} </view>
</view>
```

2. 编写 index.wxss 文件代码。文件定义了 input 样式，该样式适用于所有 input 组件。

index.wxss 文件：

```
/*index.wxss*/
input{
  border-bottom:1px solid blue;/* 添加input组件的下边框线 */
  margin:20px 0;/*input组件上下外边距为20px，左右外边距为0*/
}
```

3. 编写 index.js 文件代码。文件定义了 calc 函数，该函数根据 x 的值，利用条件语句和数学函数计算出了 y 的值，并通过 setData 函数将计算结果渲染到视图层。

index.js 文件：

```
//index.js
Page({
  calc:function(e){
    var x,y;                    // 定义局部变量x和y
    var x=e.detail.value;       // 获取input组件的value值并赋值给x
    if(x<0){                    // 根据x值进行判断，并求出y的值
      y=Math.abs(x);
    } else if(x<10){
      y=Math.exp(x)*Math.sin(x);
    } else if(x<20){
      y=Math.pow(x,3);
```

```
    } else{
      y=(3+2*x)*Math.log(x);
    }
    this.setData({
      y:y                       // 将局部变量 y 赋值给绑定变量 y
    })
  }
})
```

2.9.4 相关知识

本案例使用了 JavaScript 中的条件语句和 Math 对象中的函数。

1. JavaScript 中的条件语句。在 JavaScript 中可使用以下条件语句：
- if 语句：当指定条件为 true 时，使用该语句来执行代码。
- if...else 语句：当条件为 true 时执行代码，当条件为 false 时执行其他代码。
- if...else if....else 语句：使用该语句来选择多个代码块之一来执行。
- switch 语句：使用该语句来选择多个代码块之一来执行。

（1）if 语句。只有当指定条件为 true 时，该语句才会执行代码。语法为：

```
if(条件){
  条件为 true 时执行的代码
}
```

（2）if...else 语句。在条件为 true 时执行代码，在条件为 false 时执行其他代码。语法为：

```
if(条件){
    条件为 true 时执行的代码块
} else{
    条件为 false 时执行的代码块
}
```

（3）if...else if...else 语句。使用 if....else if...else 语句选择多个代码块之一来执行。语法为：

```
if(条件 1){
    条件 1 为 true 时执行的代码块
} else if(条件 2){
    条件 1 为 false 而条件 2 为 true 时执行的代码块
 } else{
    条件 1 和条件 2 同时为 false 时执行的代码块
}
```

（4）switch 语句。使用 switch 语句来选择要执行的多个代码块之一。语法为：

```
switch(表达式){
    case n1:
        代码块
        break;
```

```
        case n2:
            代码块
            break;
        ...
        default:
            默认代码块
}
```

代码解释：
- 计算一次 switch 表达式。
- 把表达式的值与每个 case 的值进行对比，否则，执行默认代码块。
- 如果存在匹配，则执行关联代码。

2. JavaScript 中的 Math 对象。JavaScript 中的所有事物都是对象，对象是拥有属性和方法的数据，属性是与对象相关的值，方法是能够在对象上执行的动作。Math 对象用于执行数学任务，它的常用属性和方法如表 2.14 所示。

表 2.14 Math 对象常用属性和方法

属性和方法	说　　明
E	返回算术常量 e，即自然对数的底数（约等于 2.718）
PI	返回圆周率（约等于 3.14159）
abs(x)	返回数的绝对值
ceil(x)	对数进行上舍入
cos(x)	返回角的余弦
exp(x)	返回 e 的指数
floor(x)	对数进行下舍入
log(x)	返回数的自然对数（底为 e）
max(x,y)	返回 x 和 y 中的最大值
min(x,y)	返回 x 和 y 中的最小值
pow(x,y)	返回 x 的 y 次幂
random()	返回 0～1 之间的随机数
round(x)	把数四舍五入为最接近的整数
sin(x)	返回角的正弦
sqrt(x)	返回数的平方根
tan(x)	返回角的正切
valueOf()	返回 Math 对象的原始值

2.9.5 总结与思考

1. 本案例主要涉及如下知识要点：
（1）JavaScript 中的条件语句。
（2）JavaScript 中数学函数的使用方法。

2. 请思考以下问题：案例中数学公式中给出的判断条件是 $0 \leq x < 10$，而在代码中只使用了 $x < 10$，代码是否正确，为什么，是否可以在代码中使用 $0 \leq x < 10$？

案例 2.10 成绩计算器

1

2

2.10.1 案例描述

设计一个计算学生平均成绩的小程序。当输入学生信息和各门功课成绩并提交后，能够显示学生的信息及平均成绩。

2.10.2 实现效果

根据案例描述可以做出如图 2.12 所示的效果。初始界面如图 2.12（a）所示，当输入姓名时，屏幕下面显示中文的输入键盘，如图 2.12（b）所示，当输入成绩时，屏幕下面显示数字键盘；输入完成后点击"提交"按钮，在按钮下方将显示学生姓名及成绩，如图 2.12（c）所示。在输入过程中，如果某项内容为空，点击"提交"按钮后屏幕没有反应。

(a) 初始界面　　　　　　　(b) 输入汉字时的界面　　　　　　(c) 提交后的界面

图 2.12　成绩计算器案例运行效果

2.10.3 案例实现

1. 编写 index.wxml 文件代码。代码中主要包含用于输入学生姓名和成绩的 input 输入框组件、提交学生姓名和成绩的按钮组件、显示学生姓名和成绩的 view 组件。

（1）input 组件通过 placeholder 属性显示输入提示、通过 placeholder-class 属性设置 placeholder 的样式、通过 bindinput 属性绑定输入事件处理函数。

（2）button 组件通过 bindtap 属性绑定了点击按钮事件处理函数。

（3）代码中最后的 5 个 view 组件用来显示学生姓名和成绩，其中包含了 1 个外层 view 和 4 个内层 view。外层 view 组件通过绑定的变量 {{flag}} 设置所有 view 组件是否显示，内层 view 用于显示学生姓名和成绩。

index.wxml 文件：

```
<!--index.wxml -->
<view class='box'>
  <view class='title'>成绩计算器</view>
  <input placeholder="请输入你的名字" placeholder-class="placeholder" bindinput='nameInput'></input>
  <input placeholder="请输入语文成绩" placeholder-class="placeholder" bindinput='chineseInput' type='number'></input>
  <input placeholder="请输入数学成绩" placeholder-class="placeholder" bindinput='mathInput' type='number'></input>
  <button bindtap='mysubmit'>提交</button>
  <view hidden='{{flag}}' class='content'>
    <view class='content-item'>姓名：{{name}}</view>
    <view class='content-item'>语文成绩：{{chinese_score}}</view>
    <view class='content-item'>数学成绩：{{math_score}}</view>
    <view class='content-item'>平均分：{{avrage}}</view>
  </view>
</view>
```

2. 编写 index.wxss 文件代码。该文件中定义了 index.wxml 文件中使用的各种样式，包括：page、.placeholder、input、button、.content 和 .content-item。

index.wxss 文件：

```
/*index.wxss*/
page{
  background:#f1f0f6
}
.placeholder{
  font-size:15px;
}
input{
  background:#fff;
  height:120rpx;
  margin:10px;
  padding-left:8px;
  border:solid 1px silver
}
button{
  margin:30rpx 50rpx;
```

```
    background-color:red;
    color:white;
  }
  .content{
    background:#fff;
    padding:10px;
    color:#f00
  }
  .content-item{
    padding:3rpx;
    font-size:16px;
    line-height:30px;
  }
```

3. 编写 index.js 文件代码。该文件首先在 data 中初始化了 index.wxml 文件中绑定的数据（flag 初始值为 true，表示显示学生姓名和成绩的 view 组件一开始是隐藏的），然后定义了 index.wxml 文件中绑定的事件函数，用于获取 input 组件中输入的姓名、语文成绩和数学成绩，并通过提交事件计算成绩平均值并显示 view 组件。

index.js 文件：

```
/*index.js*/
Page({
  data:{
    flag:true,
    name:'',
    chinese_score:'',
    math_score:'',
    avrage:''
  },
  nameInput:function(e){
    this.setData({
      name:e.detail.value
    });
  },
  chineseInput:function(e){
    this.setData({
      chinese_score:e.detail.value
    });
  },
  mathInput:function(e){
    this.setData({
      math_score:e.detail.value
    });
  },
  mysubmit:function(){
    if(this.data.name==''||this.data.chinese_score==''||this.data.math_score=='')
      {return;}
```

```
    else{
      var avg=(this.data.chinese_score*1+this.data.math_score*1)/2;
      this.setData({
        avrage:avg,
        flag:false
      });
    }
  }
})
```

2.10.4 相关知识

本案例涉及 JavaScript 中的逻辑运算符和 button 组件的使用方法。

1. JavaScript 中的逻辑运算符。用于测定变量或值之间的逻辑关系。表 2.15 解释了逻辑运算符的含义。

表 2.15 JavaScript 中的逻辑运算符

运算符	描述	例子
&&	and	(x < 10 && y > 1) 为 true
||	or	(x==5 || y==5) 为 false
!	not	!(x==y) 为 true

2. button 按钮组件。该组件常用属性如表 2.16 所示。

表 2.16 button 组件常用属性

属 性	类 型	默 认 值	必 填	说 明
size	string	default	否	按钮的大小
type	string	default	否	按钮的样式类型
plain	boolean	FALSE	否	按钮是否镂空，背景色透明
disabled	boolean	FALSE	否	是否禁用
loading	boolean	FALSE	否	名称前是否带 loading 图标
form-type	string		否	用于 form 组件，点击分别会触发 form 组件的 submit/reset 事件

属性 size、type 和 form-type 的合法值如表 2.17 所示。

表 2.17 属性 size、type 和 form-type 的合法值

属 性	合 法 值	说 明
size	default	默认大小
	mini	小尺寸

续上表

属 性	合 法 值	说 明
type	primary	绿色
	default	白色
	warn	红色
form-type	submit	提交表单
	reset	重置表单

2.10.5 总结与思考

1. 本案例主要涉及如下知识要点：
（1）3种逻辑运算符的含义及使用方法。
（2）button 组件的使用方法。
2. 请思考以下问题：代码中使用的变量 this.data.chinese_score 可以直接写成 chinese_score 吗？为什么？

案例 2.11 循环求和计算器

2.11.1 案例描述
设计一个小程序，利用循环语句求取2个数之间所有整数的和。

2.11.2 实现效果
根据案例描述可以做出如图2.13所示的效果。初始界面如图2.13（a）所示，输入界面如图2.13（b）所示，点击"求和"按钮后的计算结果如图2.13（c）所示。

（a）初始界面　　　　　　　　（b）输入数据界面　　　　　　　（c）结果界面

图 2.13　循环求和计算器案例运行效果

2.11.3 案例实现

1. 编写 index.wxml 文件代码。该文件主要包括 2 个 input 组件和 1 个 button 组件。设置 input 组件的 bindblur 属性绑定失去焦点的事件函数来获取组件的 value 值,设置 button 组件的 bindtap 属性绑定点击按钮的事件函数来进行求和计算。文件使用了 input 和 button 两种样式来设置这两种组件的布局和样式。

index.wxml 文件:

```
<!--index.wxml-->
<view class='box'>
  <view class='title'>利用循环语句求和</view>
  <view>
    <input placeholder='请输入起点数值' type='number' bindblur='startNum'></input>
    <input placeholder='请输入终点数值' type='number' bindblur='endNum'></input>
  </view>
  <view>两个数之间的和为: {{sum}} </view>
  <button type='primary' bindtap='calc'>求和</button>
</view>
```

2. 编写 index.wxss 文件代码。该文件定义了 input 和 button 两种样式。

index.wxss 文件:

```
/*index.wxss*/
input{
  border-bottom:1px solid blue;    /* 添加 input 组件的下边框线 */
  margin:20px 0;        /*input 组件上下外边距为 20px,左右外边距为 0*/
}
button{
  margin-top:20px;      /* 设置 button 组件的上边距为 20px*/
}
```

3. 编写 index.js 文件代码。文件主要定义了 3 个全局变量和 3 个函数,start 和 end 两个全局变量用于存放 input 组件中的 value 值(输入的数值),sum 用于存放求取的和。startNum 和 endNum 函数用于获取 input 组件中的 value 值,calc 函数用于求和,并将求和结果渲染到视图层。

index.js 文件:

```
//index.js
var start,end,sum;                  // 定义起点数、终点数和求和结果 3 个全局变量
Page({
  startNum:function(e){
    start=parseInt(e.detail.value);   // 将 input 组件 value 值转换为整数并赋值
  },
```

```
    endNum:function(e){
        end=parseInt(e.detail.value);    //将 input 组件 value 值转换为整数并赋值
    },
    calc:function(){
        sum=0;
        for(var i=start;i<=end;i++){
            sum=sum+i;                    //利用 for 循环求和
        }
        this.setData({
            sum:sum                       //将全局变量 sum 的值渲染到视图层
        })
    }
})
```

2.11.4 相关知识

本案例主要涉及 JavaScript 中的循环语句和全局对象函数的应用，以及全局变量的定义。

1. 循环语句。如果希望一遍又一遍地运行相同的代码，并且每次的值都不同，那么使用循环是很方便的。JavaScript 支持的循环类型包括：
- for：多次遍历代码块。
- for...in：遍历对象属性。
- while：当指定条件为 true 时循环一段代码块。
- do...while：当指定条件为 true 时循环一段代码块。

（1）for 循环。在固定次数循环时常会用到的工具，语法为：

```
for(语句 1;语句 2;语句 3){
    要执行的代码块
}
语句 1  在循环（代码块）开始前执行
语句 2  定义运行循环（代码块）的条件
语句 3  在循环（代码块）已被执行之后执行
```

例如：

```
var sum=0;
for(var i=1;i<=10;i++){
    sum+=i;
}
```

运行后 sum 的值为：55。

（2）for...in 循环。循环遍历对象的属性。与 for 循环不同的是，for-in 循环是对对象每个属性（包括对象原型链的属性）的枚举，并且它并不是按照属性排列的顺序（无序）执行的。例如：

```
var person={fname:"Bill",lname:"Gates",age:62};
var text="";
for(var x in person){
    text+=person[x];
}
```

循环结束后，text 的值为："BillGates62"

（3）while 循环。在指定条件为真时循环执行代码块。语法为：

```
while(条件){
    要执行的代码块
}
```

例如：

```
var i=1,sum=0;
while(i<=10){
    sum+=i;
    i++;
}
```

运行后 sum 的值为：55。

（4）do...while 循环。是 while 循环的变体。该循环首先执行一次代码块，然后在检查条件是否为真，如果条件为真，就会重复这个循环。语法为：

```
do{
    要执行的代码块
}
while(条件);
```

例如：

```
var i=1,text='';
do{
    text+=i;
    i++;
}
while(i<5);
```

运行后 text 的值为：1234。

2. JavaScript 全局对象。可用于所有内建的 JavaScript 对象，其常用属性和方法如表 2.18 所示。

表 2.18　JavaScript 全局对象常用属性和方法

属性和方法	描　　述
Infinity	代表正的无穷大的数值
NaN	指示某个值是不是数字值
undefined	指示未定义的值
isFinite()	检查某个值是否为有穷大的数
isNaN()	检查某个值是否是数字
Number()	把对象的值转换为数字
parseFloat()	解析一个字符串并返回一个浮点数
parseInt()	解析一个字符串并返回一个整数
String()	把对象的值转换为字符串

3．全局变量的定义和使用。在所有函数之外定义的变量称为全局变量，该变量可以在该文件的所有函数中使用。

2.11.5　总结与思考

1．本案例主要涉及如下知识要点：
（1）JavaScript 循环语句的执行过程。
（3）JavaScript 中全局对象函数的使用方法。
（3）全局变量的定义和使用方法。
2．请思考如下问题：
（1）如何求取 100 ～ 200 之间所有奇数或偶数的和？
（2）如何求取 100 ～ 200 之间所有奇数或偶数的平方和？

案例 2.12　随机数求和

2.12.1　案例描述

设计一个小程序，运行后产生一列 100 以内的随机数（保留小数点后 2 位），并显示这些随机数的和；当点击"产生新的随机数"按钮时，产生一列新的随机数，并显示这些随机数的和。

2.12.2　实现效果

根据案例描述可以做出如图 2.14 所示的效果。初始界面如图 2.14（a）所示，点击"产生新的随机数"按钮后，将产生一列新的随机数，并对这些随机数进行求和，如图 2.14（b）、（c）所示。

（a）初始界面　　　　　　（b）新的随机数列-I　　　　　（c）新的随机数列-II

图 2.14　随机数求和案例运行效果

2.12.3　案例实现

1. 编写 index.wxml 文件代码。代码主要通过列表渲染的方法将逻辑层产生的随机数列表显示在屏幕上，并显示随机数列的和，最下面添加一个按钮，用于绑定产生新的随机数的事件函数。

index.wxml 文件：

```
<!--index.wxml-->
<view class="box" >
  <view class='title'> 随机数求和 </view>
  <view>产生的随机数列为: </view>
  <view wx:for="{{rand}}">{{item}}</view>
  <view>随机数列的和为: {{sum}}</view>
  <button type='primary' bindtap='newRand'> 产生新的随机数 </button>
</view>
```

2. 编写 index.js 文件代码。代码中主要包含了全局变量和全局函数的定义，并在 Page 函数中定义了 onLoad 函数和 newRand 函数。

（1）全局变量的定义。首先定义 1 个全局数组变量 rand 和 1 个全局普通变量 sum，rand 用来存储产生的随机数列，sum 用来存储随机数列的和。

（2）全局函数的定义。定义 createRand() 函数用于产生随机数列并求和，该函数首先利用 for 循环产生 6 个随机数并将这些数据添加到数组中。Math.random() 函数用于产生 0～1 之间的随机数，Math.random() * 100 能够产生 0～100 之间的随机数，toFixed(2) 函数用于实现将产生的随机数保留小数点后 2 位，乘 1 的目的是将产生的随机数字符串转换为数值类型。

（3）rand.push(r) 用于将产生的随机数 r 添加到 rand 数组中。

（4）console.log(sum) 函数用于在控制台显示 sum 数据，这种方法对程序调试很有帮助。

（5）在 onLoad() 和 newRand() 方法中调用 createRand() 方法产生随机数列并求和，然后通过 this.setData() 方法将结果渲染到视图层。

index.js 文件：

```
//index.js
var rand,sum;                    //定义全局变量
function createRand(){
  rand=[];                       //初始化数组变量
  sum=0;                         //初始化 sum 变量
  for(var i=0;i<6;i++){
    var r=(Math.random()*100).toFixed(2)*1;//产生 100 以内的保留小数点后 2 位的随机数并转换为数值类型
    rand.push(r);                //将产生的随机数添加到数组中
    sum+=rand[i];                //随机数列求和
    console.log(rand[i]);        //在控制台显示数组元素
  }
  console.log(sum);
};
Page({
  onLoad:function(){
    createRand();                //调用产生随机数的全局函数
    this.setData({
      rand:rand,
      sum:sum
    })
  },
  newRand:function(){
    createRand();                //调用产生随机数的全局函数
    this.setData({
      rand:rand,
      sum:sum
    })
  }
})
```

2.12.4 相关知识

本案例用到了 JavaScript 中的 Array 和 Number 对象中的相关函数。JavaScript 中的对象包括：字符串、数字、数组、日期，等等。对象是拥有属性和方法的数据，属性是静态数据，方法是能够在对象上执行的动作，即动态数据。

1. JavaScript 中的 Array 对象。用于在单个的变量中存储多个值，其常用属性和方法如表 2.19 所示。

表 2.19 Array 对象常用属性和方法

属性和方法	说明
length	设置或返回数组中元素的数目
concat()	连接两个或更多的数组，并返回结果
join()	把数组的所有元素放入一个字符串。元素通过指定的分隔符进行分隔
pop()	删除并返回数组的最后一个元素
push()	向数组的末尾添加一个或更多元素，并返回新的长度
reverse()	颠倒数组中元素的顺序
shift()	删除并返回数组的第一个元素
slice()	从某个已有的数组返回选定的元素
sort()	对数组的元素进行排序
splice()	删除元素，并向数组添加新元素
toSource()	返回该对象的源代码
toString()	把数组转换为字符串，并返回结果
toLocaleString()	把数组转换为本地数组，并返回结果
unshift()	向数组的开头添加一个或更多元素，并返回新的长度
valueOf()	返回数组对象的原始值

2. JavaScript 中的 Number 对象。该对象是原始数值的包装对象，其常用属性和方法如表 2.20 所示。

表 2.20 Number 对象常用属性和方法

属性和方法	说明
MAX_VALUE	可表示的最大的数
MIN_VALUE	可表示的最小的数
NaN	非数字值
NEGATIVE_INFINITY	负无穷大，溢出时返回该值
POSITIVE_INFINITY	正无穷大，溢出时返回该值
toString()	把数字转换为字符串，使用指定的基数
toLocaleString()	把数字转换为字符串，使用本地数字格式顺序
toFixed()	把数字转换为字符串，结果的小数点后有指定位数的数字
toExponential()	把对象的值转换为指数计数法
toPrecision()	把数字格式化为指定的长度
valueOf()	返回一个 Number 对象的基本数字值

2.12.5 总结与思考

1. 本案例主要涉及如下知识要点：
（1）JavaScript 中 Array 对象函数的使用方法。
（2）JavaScript 中 Number 对象函数的使用方法。

2. 请思考如下问题：
（1）代码中的语句 var r=(Math.random() * 100).toFixed(2) * 1，乘 1 的目的是什么？
（2）代码中的语句 var r=(Math.random() * 100).toFixed(2) * 1，使用函数 toFixed(2) 的目的是将产生的随机数保留小数点后 2 位，但为什么结果中有的小数点后面只保留 1 位，有的甚至是整数？
（3）要产生 100～200 之间的随机整数，应该如何实现？

案例 2.13 计时器

1 　　　2

2.13.1 案例描述

设计一个实现倒计时功能的小程序，小程序运行后，首先显示空白界面，过 2 s 后才显示计时界面，点击"开始计时"按钮后开始倒计时，此时"开始计时"按钮变为失效状态。点击"停止计时"按钮后停止计时，此时"开始计时"按钮变为可用状态。

2.13.2 实现效果

根据案例描述可以做出如图 2.15 所示的效果。小程序运行 2 s 后显示初始界面，如图 2.15（a）所示，此时显示的数字是 60。点击"开始计时"按钮后开始倒计时，此时"开始计时"按钮显示不可用状态，如图 2.15（b）所示。点击"停止计时"按钮后停止计时，此时"开始计时"按钮又显示可用状态，如图 2.15（c）所示。

（a）初始界面　　　　　　　　（b）开始计时界面　　　　　　　　（c）停止计时界面

图 2.15　计时器案例运行效果

2.13.3 案例实现

1. 编写 index.wxml 文件代码。文件主要由计时数字显示界面和 2 个按钮组成，计时数字显示界面布局和样式由 .time 样式来设置，2 个按钮的布局由 .btnLayout 样式来设置，按钮的宽度由 button 样式设置。2 个按钮分别绑定了 start 和 stop 函数来实现开始计时和停止计时。

index.wxml 文件：

```
<!--index.wxml-->
<view class='box' hidden='{{hidden}}'>
  <view class='title'>计时器</view>
  <view class='time'>{{num}}</view>
  <view class='btnLayout'>
    <button bindtap='start' disabled="{{btnDisabled}}">开始计时</button>
    <button bindtap='stop'>停止计时</button>
  </view>
</view>
```

2. 编写 index.wxss 文件代码。文件定义了 3 个样式：.time、.btnLayout 和 button。

index.wxss 文件：

```
/*index.wxss*/
.time{
  width:90%;
  line-height:200px;        /*设置高度并使文字垂直居中*/
  background-color:yellow;
  color:red;
  font-size:100px;
  text-align:center;
  border:1px solid silver;
  border-radius:30px;       /*边框半径*/
  margin:15px;
}
.btnLayout{
  display:flex;
  flex-direction:row;
}
button{
  width:45%;
}
```

3. 编写 index.js 文件代码。文件定义了 2 个全局变量：num 和 timerID，定义了 5 个函数：onLoad、show、start、stop 和 timer。onLoad 函数通过调用 setTimeout 函数，使计时界面在 2 s 以后显示；show 函数用于显示计时界面；start 函数通过调用 setInterval 函数实现倒计时；stop 函数通过调用 clearInterval 函数实现停止计时；timer 函数用于实现计时过程。

index.js 文件：

```
//index.js
var num=60;                 // 计时器显示的数字
var timerID;                // 计时器 ID
```

```
Page({
  data:{
    hidden:true,              // 小程序运行时不显示计时界面
    btnDisabled: false,       // 设置"开始计时"按钮一开始是可用的
    num:num                   // 将全局变量赋值给绑定变量
  },
  onLoad:function(options){
    var that=this;
    setTimeout(()=>{
      that.show()
    },2000)                   //2s 后显示计时界面
  },
  show:function(){            // 显示计时界面函数
    var that=this;
    that.setData({
      hidden:false            // 显示计时界面
    })
  },
  start:function(){           // 开始计时函数
    var that=this;
    that.setData({
      btnDisabled: true       // 设置"开始计时"按钮不可用
    })
    timerID=setInterval(()=>{
      that.timer()
    },1000)                   // 每隔1s 调用一次 timer 函数
  },
  stop:function(){            // 停止计时函数
    clearInterval(timerID)    // 清除计时器
    this.setData({
      btnDisabled: false      // 设置"开始计时"按钮可用
    })
  },
  timer:function(){           // 计时函数
    var that=this;
    console.log(num)
    if(num>0){
      that.setData({
        num:num--             // 每次减1
      })
    } else{
      that.setData({
        num:0
      })
    }
    console.log(num)
  }
})
```

2.13.4 相关知识

本案例使用了 JavaScript 中的 setTimeout() 函数、setInterval() 函数、clearInterval() 函数。
1. 函数 number setTimeout(function callback, number delay, any rest)。设定一个定时器,

在定时到期以后执行注册的回调函数。参数 callback 为回调函数，参数 delay 为延迟的时间，函数的调用会在该延迟之后发生，单位为 ms。参数 rest, param1, param2, ..., paramN 等为附加参数，它们会作为参数传递给回调函数。返回值 number 为定时器的编号。这个值可以传递给 clearTimeout 来取消该定时。

2. 函数 number setInterval(function callback, number delay, any rest)。设定一个定时器，按照指定的周期（以 ms 计）来执行注册的回调函数。参数 callback 为回调函数，参数 delay 为执行回调函数之间的时间间隔，单位为 ms。参数 rest, param1, param2, ..., paramN 等为附加参数，它们会作为参数传递给回调函数。返回值 number 为定时器的编号。这个值可以传递给 clearInterval 来取消该定时。

3. 函数 clearInterval(number intervalID)。取消由 setInterval 设置的定时器。参数 intervalID 为要取消的定时器的 ID。

2.13.5 总结与思考

1. 本案例主要涉及如下知识要点：

（1）函数 number setTimeout(function callback, number delay, any rest) 的使用方法。

（2）函数 number setInterval(function callback, number delay, any rest) 的使用方法。

（3）函数 clearInterval(number intervalID) 的使用方法。

2. 请思考如下问题：

（1）setTimeout() 函数和 setInterval() 函数有什么区别？

（2）能否使用 setTimeout() 函数实现 setInterval() 函数的功能？

案例 2.14 自动随机变化的三色旗

1　　　　2

2.14.1 案例描述

设计一个小程序，开始时界面上显示一个三色旗和一个按钮，当点击"改变颜色"按钮时，三色旗的颜色会发生随机变化，即使不点击"改变颜色"按钮，三色旗的颜色也会每隔一定时间自动发生变化。

2.14.2 实现效果

根据案例描述可以做出如图 2.16 所示的效果。初始界面就出现了三色旗，三色旗的颜色是随机的，如图 2.16（a）为其中某一次运行后的三色旗的颜色。点击按钮或每隔 5 s 后，三色旗的颜色会随机发生变化，如图 2.16（b）为其中出现的一次三色旗的随机颜色。三色旗的颜色每发生一次变化，Consol 面板下面就会显示一次三色旗 3 种随机颜色的值，如图 2.16（c）所示。

  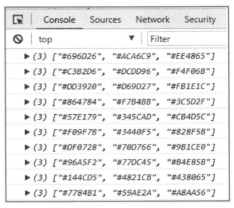

（a）初始界面　　　　（b）点击"改变颜色"按钮后的界面　　　（c）每次产生的三色旗的颜色值

图 2.16　自动随机变化的三色旗案例运行效果

2.14.3　案例实现

1. 编写 index.wxml 文件代码。代码利用 1 个 view 内部嵌套 3 个 view 组件的方法实现三色旗的界面设计。三色旗下面添加一个 button 组件，该组件绑定点击事件，实现三色旗颜色的随机变化。文件代码中使用了 .flex-wrp 样式和 .item 样式设置三色旗的布局和样式，利用 .btn 样式来设置按钮的样式。

index.wxml 文件：

```
<!--index.wxml-->
<view class="box">
  <view class='title'> 变化的三色旗 </view>
  <view class="flex-wrp">
    <view class="item" style="background-color:{{color1}}"></view>
    <view class="item" style="background-color:{{color2}}"></view>
    <view class="item" style="background-color:{{color3}}"></view>
  </view>
  <button type='primary' class='btn' bindtap="changeColor"> 改变颜色 </button>
</view>
```

2. 编写 index.wxss 文件代码。该文件定义了 3 种样式：.flex-wrp、.item 和 .btn。

index.wxss 文件：

```
/*index.wxss*/
.flex-wrp{
  margin-top:50rpx;
  display:flex;
  flex-direction:row;
}
.item{
  width:300rpx;
  height:500rpx;
```

```
    }
    .btn{
      margin-top:20rpx;
      margin-bottom:20rpx;
    }
```

3. 编写 index.js 文件代码。代码包含了创建 3 种随机颜色并为三色旗赋值的函数 createColor、onLoad 函数和点击按钮事件函数 changeColor。

（1）自定义函数 createColor。该函数利用双重 for 循环创建了 3 种颜色，然后给三色旗赋值。函数中调用了 Math.random() 和 Math.floor() 函数，Math.random() 函数能够产生 0～1 之间的一个随机数，Math.floor() 函数能够得出小于或等于给定参数的最大整数，Math.floor(Math.random() * 16) 能产生一个 0～15 之间的整数，由于 letters = '0123456789ABCDEF'，因此 letters[Math.floor(Math.random() * 16)] 的值为 0～F 之间的一个字符，利用 for 循环能够产生一个带 # 符号的 6 位十六进制颜色值。

（2）生命周期函数 onLoad。首先利用 this.createColor() 函数产生 3 个随机颜色并给三色旗赋值，从而实现小程序运行后立即看到三色旗的效果，然后利用 setInterval() 函数每隔 5 s 调用一次 this.createColor() 函数，从而实现三色旗的颜色每隔 5 s 发生一次随机变化。

（3）按钮事件函数 changeColor。直接调用 this.createColor() 函数实现点击"改变颜色"按钮后三色旗的颜色发生变化。

index.js 文件：

```
/*index.js*/
Page({
  createColor:function(){                    // 自定义函数，创建 3 种随机颜色
    var color=[];//定义数组
    var letters='0123456789ABCDEF';          // 定义十六进制颜色字符集
    for(var i=0;i<3;i++){                    // 利用循环创建 3 种随机颜色
      var c='#';
      for(var j=0;j<6;j++){                  // 创建一种由 6 位十六进制字符构成的随机颜色
        c+=letters[Math.floor(Math.random()*16)]
      }
      color.push(c);                         // 将创建的颜色加入颜色数组
    }
    console.log(color);                      // 在 Console 面板中显示颜色值
    this.setData({                           // 将创建的颜色渲染到视图层
      color1:color[0],
      color2:color[1],
      color3:color[2]
    })
  },
  onLoad:function(e){
    this.createColor();         // 利用 this 调用本类定义的函数
    setInterval(()=>{           // 每隔 5 s 调用一次 this.createColor() 函数
      this.createColor();
    },5000);
  },
```

```
    changeColor:function(e){      //点击按钮事件函数
      this.createColor();
    }
})
```

2.14.4 相关知识

本案例主要涉及在 JavaScript 中创建随机颜色的方法。该方法综合运用了双重 for 循环、数组、Math.random() 函数、Math.floor() 函数、setInterval() 函数等知识。

创建颜色的设计思想是：从构成颜色的 16 个十六进制字符（0 ~ F）中随机找出 6 个字符构成一种颜色，连续找 3 次就可以生成 3 种随机颜色。

利用 setInterval() 函数可以每隔一定时间执行一次操作（本案例执行创建颜色）。

2.14.5 总结与思考

1. 本案例主要涉及如下知识要点：
（1）取地板函数：Math.floor() 的含义及使用方法。
（2）随机数函数：Math.random() 的含义及使用方法。
（3）逻辑层随机生成颜色的方法。
2. 请思考如下问题：还有什么其他方法能够随机生成颜色？

第 3 章 小程序框架

本章概要

本章设计了 10 个案例，演示了小程序的基本架构、执行顺序、数据及事件绑定、模块化、条件渲染、列表渲染、模板以及引用文件等基本方法和技巧。

学习目标

- 掌握小程序的基本架构和执行顺序
- 掌握数据绑定和事件绑定的含义及实现方法
- 掌握变量和函数作用域的应用，以及模块化的实现方法
- 掌握条件渲染和列表渲染的方法
- 掌握模板和文件引用的方法

第 3 章　小程序框架

案例 3.1　小程序的基本架构

　1　　　　2

3.1.1　案例描述

创建一个包含：首页、教学、科研、资讯和关于我们 5 个标签的小程序，每个标签都有对应的页面、图标和标签文字，点击某个标签的图标或文字都将切换到对应的页面，同时该标签的图标和文字颜色会发生相应的变化，页面的标题也发生相应的变化，而其他标签则变为非选中状态。

3.1.2　实现效果

根据案例描述可以做出如图 3.1 所示的效果。

初始页面如图 3.1（a）所示。此时首页被选中，标题栏文字是"北方工业大学欢迎您"，标题栏颜色为白色，页面内容为首页地址，页面底部"首页"图标为红色、文字为绿色。

点击页面底端的"教学"标签时的效果如图 3.1（b）所示。此时"首页"图标和文字颜色都变为非选中状态，"教学"标签变为选中状态，其图标和文字都发生了变化，页面内容、标题栏的背景颜色和标题内容也都发生了变化。

点击"科研"标签时的效果如图 3.1（c）所示。此时"教学"标签变为非选中状态，"科研"标签变为选中状态。

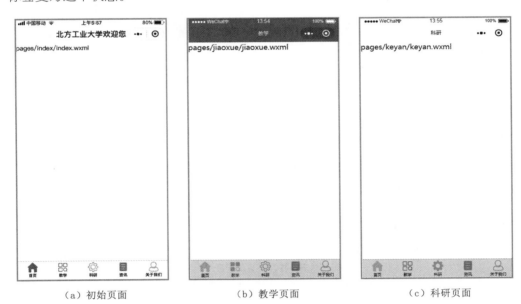

（a）初始页面　　　　　　　　（b）教学页面　　　　　　　　（c）科研页面

图 3.1　小程序的基本架构案例运行效果

3.1.3　案例实现

1. 素材准备。准备 10 个图片作为标签选中和非选中状态下的图标，把这些图片放在 images 文件夹中，并把 images 文件夹复制到建立的工程文件夹中。

· 55

2. 删除 pages/index 和 pages/logs 文件夹（删除 pages/index 文件夹的目的是为了建立全新的 index 页面），然后编写 app.json 文件代码。代码中包含了 "pages"、"window"、"tabBar" 3 个关键字。

（1）"pages" 关键字对应的键值是 1 个数组，其中定义了 5 个页面：index、jiaoxue、keyan、zixun 和 guanyu。

（2）"window" 关键字对应的键值是 1 个对象，其中定义了 3 个属性："navigationBarBackgroundColor"（导航栏背景颜色）、"navigationBarTitleText"（导航栏标题）、"navigationBarTextStyle"（导航栏标题文字颜色）。

（3）"tabBar" 关键字对应的键值是 1 个对象，其中定义了 "color" 属性（非选中标签的文本颜色）、"selectedColor" 属性（选中标签的文本颜色）、"backgroundColor" 属性（标签栏背景颜色）、"list" 属性（标签列表，该属性是 1 个对象数组，其中 "pagePath" 表示页面路径、"text" 表示页面标签文本、"iconPath" 表示未选中状态时的标签图标路径、"selectedIconPath" 表示选中时的标签图标路径。本案例定义了 5 个标签：首页、教学、科研、资讯、关于我们）。

app.json 文件：

```json
{
  "pages":[
    "pages/index/index",
    "pages/jiaoxue/jiaoxue",
    "pages/keyan/keyan",
    "pages/zixun/zixun",
    "pages/guanyu/guanyu"
  ],
  "window":{
    "navigationBarBackgroundColor":"#fff",
    "navigationBarTitleText":"北方工业大学欢迎您",
    "navigationBarTextStyle":"black"
  },
  "tabBar":{
    "color":"#000",
    "selectedColor":"#00f",
    "list":[
      {
        "pagePath":"pages/index/index",
        "text":"首页",
        "iconPath":"/images/home-off.png",
        "selectedIconPath":"/images/home-on.png"
      },
      {
        "pagePath":"pages/jiaoxue/jiaoxue",
        "text":"教学",
        "iconPath":"/images/jiaoxue-off.png",
        "selectedIconPath":"/images/jiaoxue-on.png"
      },
```

```json
    {
      "pagePath":"pages/keyan/keyan",
      "text":" 科研 ",
      "iconPath":"/images/keyan-off.png",
      "selectedIconPath":"/images/keyan-on.png"
    },
    {
      "pagePath":"pages/zixun/zixun",
      "text":" 资讯 ",
      "iconPath":"/images/zixun-off.png",
      "selectedIconPath":"/images/zixun-on.png"
    },
    {
      "pagePath":"pages/guanyu/guanyu",
      "text":" 关于我们 ",
      "iconPath":"/images/guanyu-off.png",
      "selectedIconPath":"/images/guanyu-on.png"
    }
  ]
}
```

编写完 app.json 文件保存或编译后，创建的页面、导航栏和标签如图 3.1 所示，创建的文件目录结构如图 3.2 所示。

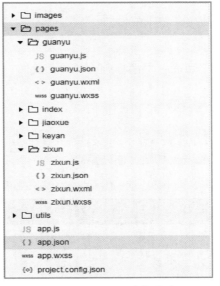

图 3.2　案例页面结构清单

3. 编写 jiaoxue.json 文件代码。该文件配置了"教学"页面窗口导航栏背景颜色、文本颜色和标题文字，配置完成后的效果如图 3.1（b）所示。

jiaoxue.json 文件：

```
{
  "navigationBarBackgroundColor":"#ff0000",
  "navigationBarTextStyle":"white",
  "navigationBarTitleText":"教学"
}
```

4. 编写 keyan.json 文件代码。该文件配置了"科研"页面的标题文字。
keyan.json 文件：

```
{
  "navigationBarTitleText":"科研"
}
```

5. 编写 zixun.json 文件代码。该文件配置了"资讯"页面的标题文字。
zixun.json 文件：

```
{
  "navigationBarTitleText":"资讯"
}
```

6. 编写 guanyu.json 文件代码。该文件配置了"关于我们"页面的标题文字。
guanyu.json 文件：

```
{
  "navigationBarTitleText":"关于我们"
}
```

该文件配置了"关于我们"页面，页面标题为"关于我们"，其他没有指定的内容继承了 app.json 中的配置内容。

3.1.4 相关知识

1. 全局配置。小程序根目录下的 app.json 文件用来对微信小程序进行全局配置。文件内容为一个 JSON 对象，主要有如表 3.1 所示的配置项。

表 3.1 app.json 文件的常用全局配置项

属性	类型	必填	描述
pages	string[]	是	页面路径列表
window	object	否	全局的默认窗口表现
tabBar	object	否	底部 tab 栏的表现
networkTimeout	object	否	网络超时时间
debug	boolean	否	是否开启 debug 模式，默认关闭
permission	object	否	小程序接口权限相关设置

（1）pages 用于指定小程序由哪些页面组成，每一项都对应一个页面的路径（含文件名）信息。文件名不需要写文件扩展名，框架会自动去寻找对应位置的 .json, .js, .wxml, .wxss 四个文件进行处理。数组的第一项代表小程序的初始页面（首页）。小程序中新增/减少页面，都需要对 pages 数组进行修改。如果开发目录如图 3.3 所示，则需要在 app.json 中写

```
{
  "pages":["pages/index/index","pages/logs/logs"]
}
```

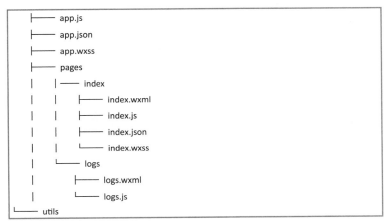

图 3.3　小程序开发目录

（2）window 用于设置小程序的状态栏、导航条、标题、窗口背景色。其中涉及的几个属性如表 3.2 所示。

表 3.2　window 对象的常用属性

属　性	类　型	默 认 值	描　述
navigationBarBackgroundColor	HeColor	#000000	导航栏背景颜色，如 #000000
navigationBarTextStyle	string	white	导航栏标题颜色，仅支持 black / white
navigationBarTitleText	string		导航栏标题文字内容
navigationStyle	string	default	导航栏样式
backgroundColor	HexColor	#ffffff	窗口的背景色
backgroundTextStyle	string	dark	下拉 loading 的样式，仅支持 dark / light
pageOrientation	string	portrait	屏幕旋转设置，支持 auto / portrait / landscape

注 1：HexColor（十六进制颜色值），如 "#ff00ff"。

（3）tabBar 用来配置小程序底部的 tab。如果小程序是一个多 tab 应用（客户端窗口的底部或顶部有 tab 栏可以切换页面），可以通过 tabBar 配置项指定 tab 栏的表现，以及 tab 切换时显示的对应页面。tabBar 对象的常用属性如表 3.3 所示。

表 3.3 tabBar 对象的常用属性

属性	类型	必填	默认值	描述
color	HexColor	是		tab 上的文字默认颜色，仅支持十六进制颜色
selectedColor	HexColor	是		tab 上的文字选中时的颜色，仅支持十六进制颜色
backgroundColor	HexColor	是		tab 的背景色，仅支持十六进制颜色
borderStyle	string	否	black	tabBar 上边框的颜色，仅支持 black / white
list	array	是		tab 的列表，详见 list 属性说明，最少 2 个、最多 5 个 tab
position	string	否	bottom	tabBar 的位置，仅支持 bottom / top
custom	boolean	否	FALSE	自定义 tabBar

其中 list 接收一个数组，只能配置最少 2 个、最多 5 个 tab。tab 按数组的顺序排序，每个项都是一个对象，其属性值如表 3.4 所示。

表 3.4 list 数组对象属性

属性	类型	必填	说明
pagePath	string	是	页面路径，必须在 pages 中先定义
text	string	是	tab 上按钮文字
iconPath	string	否	图片路径，icon 大小限制为 40 KB，建议尺寸为 81px * 81px，不支持网络图片。当 postion 为 top 时，不显示 icon
selectedIconPath	string	否	选中时的图片路径，icon 大小限制为 40 KB，建议尺寸为 81px * 81px，不支持网络图片。当 postion 为 top 时，不显示 icon

2. 页面配置。每一个小程序页面也可以使用同名 .json 文件来对本页面的窗口表现进行配置，页面中配置项会覆盖 app.json 的 window 中相同的配置项。

3.1.5 总结与思考

1. 本案例主要涉及如下知识要点：
（1）小程序整体配置方法。
（2）小程序页面配置方法。
2. 请思考以下问题：一个小程序页面通常是由哪几个文件构成？在这些文件中，哪些是必需的，哪些可以删除？

案例 3.2 小程序的执行顺序

3.2.1 案例描述

设计一个小程序，测试小程序各个页面和函数的执行顺序。

3.2.2 实现效果

根据案例描述可以实现如下运行效果：

1. 案例运行后，在 Console 页面显示的程序运行顺序如图 3.4 所示。从图中可以看出，小程序运行后首先执行 app.js 文件中的 onLaunch 函数和 onShow 函数，然后再执行 index.js 中的 onLoad 函数、onShow 函数和 onReady 函数。

图 3.4　小程序的执行顺序案例运行效果

2. 当点击"教学"标签后，首先隐藏 index.js 页面，然后 jiaoxue.js 页面被加载、显示和渲染，如图 3.5 所示。

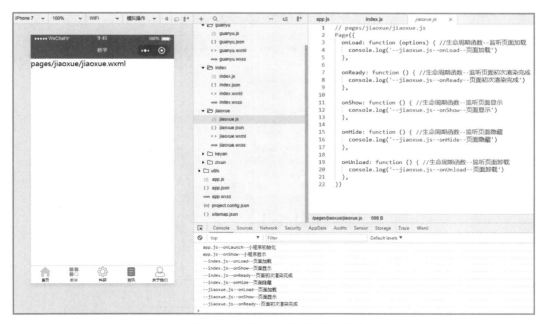

图 3.5　点击"教学"标签后的运行结果

3. 当点击"关于我们"标签后，此时首先隐藏 jiaoxue.js 页面，然后 guanyu.js 页面被加载、显示和渲染，如图 3.6 所示。

图 3.6 点击"关于我们"标签后的运行结果

4. 当点击如图 3.6 所示的"切后台"按钮后，小程序首先执行 guanyu.js 中的 onHide 函数，然后再执行 app.js 中的 onHide 函数；当点击"切前台"按钮，小程序首先执行 app.js 中的 onShow 函数，然后再执行 guanyu.js 中的 onShow 函数，如图 3.7 所示。

图 3.7 案例在用户操作后的运行结果

3.2.3 案例实现

在"小程序的基本架构"案例基础上完成以下内容。

1. 编写 app.js 文件代码。在 App 函数的对象参数中添加如下函数：onLaunch、onShow 和 onHide，每个函数都通过调用 console.log 函数来在 Console 窗口中显示程序执行的位置。

app.js 文件：

```
//app.js
App({
  onLaunch:function(){              // 小程序初始化函数
    console.log('app.js--onLaunch--小程序初始化')// 在 Console 面板中显示信息
  },
  onShow:function(){                // 小程序显示函数
    console.log('app.js--onShow--小程序显示')
  },
  onHide:function(){                // 小程序隐藏函数
    console.log('app.js--onHide--小程序隐藏')
  }
})
```

2. 编写 index.js 文件代码。在该文件中添加如下函数：onLoad、onReady、onShow、onHide、onUnload，在每个函数中通过调用 console.log 函数来显示程序执行的位置。

index.js 文件：

```
//pages/index/index.js
Page({
  onLoad:function(options){         // 生命周期函数——监听页面加载
    console.log('--index.js--onLoad--页面加载')
  },
  onReady:function(){               // 生命周期函数——监听页面初次渲染完成
    console.log('--index.js--onReady--页面初次渲染完成')
  },
  onShow:function(){                // 生命周期函数——监听页面显示
    console.log('--index.js--onShow--页面显示')
  },
  onHide:function(){                // 生命周期函数——监听页面隐藏
    console.log('--index.js--onHide--页面隐藏')
  },
  onUnload:function(){              // 生命周期函数——监听页面卸载
    console.log('--index.js--onUnload--页面卸载')
  },
})
```

3. 编写 jiaoxue.js 文件代码。在该文件中添加如下函数：onLoad、onReady、onShow、onHide、onUnload，在每个函数中通过调用 console.log 函数来显示程序执行的位置。

jiaoxue.js 文件：

```
//pages/jiaoxue/jiaoxue.js
```

```
Page({
  onLoad:function(options){          // 生命周期函数——监听页面加载
    console.log('--jiaoxue.js--onLoad-- 页面加载')
  },
  onReady:function(){                // 生命周期函数——监听页面初次渲染完成
    console.log('--jiaoxue.js--onReady-- 页面初次渲染完成')
  },
  onShow:function(){                 // 生命周期函数——监听页面显示
    console.log('--jiaoxue.js--onShow-- 页面显示')
  },
  onHide:function(){                 // 生命周期函数——监听页面隐藏
    console.log('--jiaoxue.js--onHide-- 页面隐藏')
  },
  onUnload:function(){               // 生命周期函数——监听页面卸载
    console.log('--jiaoxue.js--onUnload-- 页面卸载')
  },
})
```

3.2.4 相关知识

小程序开发框架的逻辑层使用 JavaScript 引擎为小程序提供开发者 JavaScript 代码的运行环境以及微信小程序的特有功能。逻辑层将数据进行处理后发送给视图层，同时接收视图层的事件反馈。开发者写的所有代码最终将会打包成一份 JavaScript 文件，并在小程序启动的时候运行，直到小程序销毁。这一行为类似 ServiceWorker，所以逻辑层也称之为 App Service。在 JavaScript 的基础上，小程序增加了一些新的功能：

（1）增加 App 和 Page 方法，进行程序注册和页面注册。
（2）增加 getApp 和 getCurrentPages 方法，分别用来获取 App 实例和当前页面栈。
（3）提供丰富的 API，如微信用户数据、扫一扫、支付等微信特有功能。
（4）提供模块化功能，每个页面有独立的作用域。

1. 注册小程序。每个小程序都需要在 app.js 中调用 App 方法注册小程序实例，绑定生命周期回调函数、错误监听和页面不存在监听函数等。函数 App(Object object) 用于注册小程序，该函数必须在 app.js 中调用，必须调用且只能调用一次。函数参数 Object object 的属性说明如表 3.5 所示。

表 3.5 函数 App(Object object) 参数的属性说明

属 性	类 型	必 填	说 明
onLaunch	function	否	生命周期回调——监听小程序初始化
onShow	function	否	生命周期回调——监听小程序启动或切前台
onHide	function	否	生命周期回调——监听小程序切后台
onError	function	否	错误监听函数
onPageNotFound	function	否	页面不存在监听函数
其他	any	否	开发者可以添加任意函数或数据变量到 Object 参数中，用 this 可以访问

2. 注册页面。对于小程序中的每个页面，都需要在页面对应的 js 文件中调用 Page 方法注册页面实例，指定页面的初始数据、生命周期回调、事件处理函数等。函数 Page(Object object) 用于注册小程序中的一个页面。其参数 Object object 指定页面的初始数据、生命周期回调、事件处理函数等，其主要属性说明如表 3.6 所示。

表 3.6　函数 Page(Object　object) 参数的主要属性说明

属　　性	类　　型	说　　明
data	object	页面的初始数据
onLoad	function	生命周期回调——监听页面加载
onShow	function	生命周期回调——监听页面显示
onReady	function	生命周期回调——监听页面初次渲染完成
onHide	function	生命周期回调——监听页面隐藏
onUnload	function	生命周期回调——监听页面卸载
其他	any	开发者可以添加任意函数或数据到 Object 参数中，在页面的函数中用 this 可以访问

3.2.5　总结与思考

本案例主要涉及如下知识要点：

1. 小程序调试窗口内容显示方法。

（1）注册小程序函数 App(Object object) 的使用方法。

（2）注册页面函数 Page(Object object) 的使用方法。

（3）小程序的执行顺序。

2. 请思考如下问题：

（1）监听小程序初始化的回调函数是什么？它属于哪个函数的参数？

（2）监听页面初始化的回调函数是什么？它属于哪个函数的参数？

案例 3.3　数据及事件绑定

3.3.1　案例描述

编写一个小程序，实现数据和事件的绑定。数据绑定包括：算术运算绑定、对象绑定和数组绑定，并通过点击按钮事件修改绑定的数据。

3.3.2　实现效果

根据案例描述可以做出如图 3.8 所示的效果。初始界面如图 3.8（a）所示，在视图层文件 index.wxml 中绑定了普通数据 a、b、c，绑定了对象数据 Student 和数组数据 array，这些数据的值都可以通过逻辑层文件 index.js 来传递。当点击"修改绑定数据"按钮时，原来的数据会发生相应的变化，如图 3.8（b）所示。

（a）初始界面

（b）点击按钮后的界面

图 3.8 数据及事件绑定案例运行效果

3.3.3 案例实现

1. 编写 index.wxml 文件代码。小程序界面主要由文本信息和 1 个按钮构成，文本信息可以通过 view 组件来呈现，按钮利用 button 组件来实现。

（1）index.wxml 文件中的数据通过 {{}} 符号与 index.js 文件中的数据进行绑定，该绑定是单向的，数据只能由 index.js 文件传给 index.wxml 文件，不能反向传递。

（2）普通数据绑定直接使用变量名来实现，如本案例中的变量 a、b 和 c；对象数据绑定通过"对象名.对象属性"来实现，如本案例中的 Student.stuID、Student.name 和 Student.birthday；数组数据绑定通过下标变量来实现，如本案例中的 array[0]、array[1] 和 array[2]。

（3）界面最后添加了一个 button 组件，并利用该组件进行事件绑定。事件绑定通过在 index.js 文件中定义事件绑定函数来实现。

（4）界面使用 view 样式调整字体大小和间距。

index.wxml 文件：

```
<!--index.wxml-->
<view class='box'>
  <view class='title'>数据绑定示例</view>
  <view>算术运算绑定：{{a}}+{{b}}+{{c}}={{a+b+c}}</view>
  <view>对象绑定 - 学号：{{Student.stuID}}</view>
  <view>对象绑定 - 姓名：{{Student.name}}</view>
  <view>对象绑定 - 生日：{{Student.birthday}}</view>
  <view>数组绑定 -array[0]：{{array[0]}}</view>
  <view>数组绑定 -array[1]：{{array[1]}}</view>
  <view>数组绑定 -array[2]：{{array[2]}}</view>
  <button type='primary' bindtap='modify'>修改绑定数据</button>
</view>
```

2. 编写 index.wxss 文件代码。文件中定义了 view 样式来设置字体大小和边距，该样式对 wxml 文件中的所有 view 组件都起作用。

index.wxss 文件：

```
/**index.wxss**/
view{
  font-size:18px;
  margin:10px;
}
```

3. 编写 index.js 文件代码。在 data 对象中初始化绑定的数据，包括普通数据、对象和数组，在绑定的事件函数中通过调用 this.setData() 函数来修改绑定的数据。

index.js 文件：

```
//index.js
Page({
  data:{                        // 初始化数据
    a:10,                       // 初始化绑定的普通数据
    b:20,
    c:30,
    Student:{                   // 初始化绑定的对象数据
      stuID:'20190213',
      name:'张三',
      birthday:'2001-9-1'
    },
    array:[                     // 初始化绑定的数组数据
      '2018','2019','2020'
    ]
  },
  modify:function(){            // 事件函数
    this.setData({              // 修改绑定数据的值
      a:100,                    // 修改绑定的普通数据的值
      b:200,
      c:300,
      Student:{                 // 修改绑定的对象数据的值
        stuID:'20190213',
        name:'李四',
        birthday:'2001-9-1'
      },
      array:[                   // 修改绑定的数组数据的值
        '2028','2029','2030'
      ]
    })
  }
})
```

3.3.4 相关知识

1. WXML（WeiXin Markup Language）。WXML 是框架设计的一套标签语言，结合基础组件、事件系统，可以构建出页面的结构。

2. data 对象。data 对象是页面第一次渲染时使用的初始数据，WXML 中的动态数据均来

自对应 Page 的 data。页面加载时，data 以 JSON 字符串的形式由逻辑层传至渲染层。data 中的数据包括：字符串、数字、布尔值、对象、数组。

3. 数据绑定。渲染层可以通过 WXML 对数据进行绑定。数据绑定使用 Mustache 语法（双大括号）将变量包起来，可以作用于：内容、组件属性（需要在双引号之内）、控制属性（需要在双引号之内）、关键字（需要在双引号之内）、运算、组合、数组、对象等场景。

4. setData() 函数。此函数用于将数据从逻辑层发送到视图层（异步），同时改变对应的 this.data 的值（同步）。

5. 事件绑定。事件是视图层到逻辑层的通信方式，它可以将用户的行为反馈到逻辑层进行处理。事件可以绑定在组件上，当触发事件，就会执行逻辑层中对应的事件处理函数。事件对象可以携带额外信息，如 id, dataset, touches。

3.3.5 总结与思考

1. 本案例主要涉及如下知识要点：
（1）算术运算、对象和数组绑定的实现方法。
（2）事件绑定的实现方法。

2. 请思考如下问题：
（1）通过哪个对象初始化绑定的数据？通过哪个函数修改绑定的数据？所有绑定的数据都必须要初始化吗？
（2）如何访问对象属性和数组元素？

案例 3.4 变量和函数的作用域及模块化

3.4.1 案例描述

设计一个小程序，在 index.js 文件中调用 app.js 文件、index.js 文件和 util.js 文件中定义的变量和函数，从而实现对全局变量和函数、本文件定义的变量和函数以及其他模块中定义的变量和函数的引用。

3.4.2 实现效果

根据案例描述可以做出如图 3.9 所示的效果。通过运行结果可以看出，在 app.js 文件中定义的变量和函数是全局变量和函数，可以在任何 js 文件中进行引用；任何其他 js 文件中定义的变量和函数在本文件中都是可以引用的；如果要引用其他 js 文件中定义的变量和函数，需要在其他 js 文件中利用 module.exports 输出变量和函数，然后在引入文件中利用 require 函数引入该文件。

图 3.9 变量和函数的作用域及模块化案例运行效果

3.4.3 案例实现

1. 编写 index.wxml 文件代码。本文件绑定了 msg1 ~ msg6 这 6 个变量，通过在 index.js 文件中给这 6 个变量赋值，来演示在 index.js 文件中引用全局变量和函数、局部变量和函数以及其他模块的变量和函数的方法。文件中使用了 view 样式来设置文本的大小和行间距。

index.wxml 文件：

```
<!--index.wxml-->
<view class='box'>
  <view class='title'> 变量模块化示例 </view>
  <view>全局变量：{{msg1}} </view>
  <view>全局函数：{{msg2}} </view>
  <view>本文件变量：{{msg3}} </view>
  <view>本文件函数：{{msg4}}  </view>
  <view>其他模块变量：{{msg5}} </view>
  <view>其他模块函数：{{msg6}} </view>
</view>
```

2. 编写 index.wxss 文件代码。该文件定义了 view 样式，用来设置文本的大小和行间距。
index.wxss 文件：

```
/**index.wxss**/
view{
  font-size:18px;
  margin-bottom:10px;
}
```

3. 编写 index.js 文件代码。代码首先获取全局应用实例和 utils 模块实例，并定义了本模块的变量和函数，然后使用了全局变量、全局函数、utils 模块变量、utils 模块函数、本模块变量和本模块函数。

（1）如果在本模块中引用 app.js 中定义的全局变量和函数，就必须定义全局对象并利用 getApp() 函数给该对象赋值。本案例中利用 const app = getApp() 语句定义了全局对象 app，并利用 app.globalMsg 和 app.globalFunc() 引用 app.js 文件中定义的变量和函数，并赋值给 msg1 和 msg2。

（2）如果在本模块中引用模块内定义的变量和函数，在 data 中直接引用就可以了，如本例中的 msg3 和 msg4 直接引用了 indexMsg 和 indexFunc()。

（3）如果在本模块中引用其他模块，如本案例中的 util 模块中定义的变量和函数，首先需要利用 require 函数引入 util 文件，本案例中利用 var util=require('../utils/util.js') 创建 util 实例，然后利用 util 引用 util.js 文件中定义的变量和函数，本例通过 util.utilMsg 和 util.utilFunc() 引用了 util.js 文件中定义的变量和函数给 msg5 和 msg6 赋值。

index.js 文件：

```
//index.js
const app=getApp()                          // 获取全局应用实例
var util=require('../utils/util.js');       // 获取utils模块实例
var indexMsg='我是来自index.js的变量';       // 定义本模块的变量
function indexFunc(){                       // 定义本模块的函数
```

```
    return '我是来自 index.js 的局部函数';
}
Page({
  data:{
    msg1:app.globalMsg,              //使用全局变量
    msg2:app.globalFunc(),           //使用全局函数
    msg3:indexMsg,                   //使用本模块变量
    msg4:indexFunc(),                //使用本模块函数
    msg5:util.utilMsg,               //使用 utils 模块变量
    msg6:util.utilFunc()             //使用 utils 模块函数
  }
})
```

4. 编写 app.js 文件代码。该文件中定义了 1 个全局变量 globalMsg 和 1 个全局函数 globalFunc，该变量和函数可以在本项目的其他任何 js 文件中进行引用。

app.js 文件：

```
//app.js
App({
  globalMsg:'我是来自 app.js 的全局变量',
  globalFunc:function(){
    return '我是来自 app.js 的全局函数'
  }
})
```

5. 在 pages 文件夹下添加 utils 文件夹，并在其中添加 util.js 文件，然后编写 util.js 文件代码。该文件定义了 1 个变量和 1 个函数，如果要在其他 js 文件中引用这个变量和函数，就必须通过 module.exports 或 exports 来输出该变量和函数。

util.js 文件：

```
//util.js
var utilMsg='我是来自 util.js 的变量';
function utilFunc(){
  return '我是来自 util.js 的函数';
}
module.exports={
  utilMsg:utilMsg,
  utilFunc:utilFunc
}
```

3.4.4 相关知识

在 JavaScript 文件中声明的变量和函数只在该文件中有效；不同文件中可以声明相同名字的变量和函数，不会互相影响。通过全局函数 getApp() 可以获取全局的应用实例，如果需要全局的数据，可以在 App() 中设置。

可以将一些公共的代码抽离成为一个单独的 js 文件作为一个模块。模块通过 module.

exports 或者 exports 对外暴露接口，在需要这些模块的文件中，使用 require(path) 将公共代码引入（path 为相对路径，暂时不支持绝对路径）。

3.4.5 总结与思考

1．本案例主要涉及如下知识要点：
（1）全局变量和函数的引用方法。
（2）其他模块中定义的变量和函数的引用方法。
（3）本模块中定义的变量和函数的引用方法。

2．请思考以下问题：
（1）在哪个函数中定义的变量和函数是全局的？在页面中通过什么方式访问全局变量和函数？
（2）在一个模块中定义的变量和函数，通过什么方式才能在另一个模块中访问？

案例 3.5　条件渲染

3.5.1 案例描述

编写一个利用 wx:if 条件渲染实现颜色显示的小程序。将 wx:if 放在 view 中实现如下功能：当逻辑层 js 文件传递给视图层 wxml 文件的颜色 color 的值为 red、green、blue 或其他颜色时，窗口将显示颜色的名称，并在名称下方显示这种颜色的颜色条；将 wx:if 放在 block 中实现如下功能：当给定的一个数值大于 10 时，将在窗口下方显示红、绿、蓝 3 种颜色条，否则将不显示。

3.5.2 实现效果

根据案例描述可以做出如图 3.10 所示的效果。在上面显示的是蓝色条，在下面显示的是红、绿、蓝色条。由于 index.js 中传递的 color 值是 blue，length 的值是 15，因此根据条件判断，在 index.wxml 中显示的文本是蓝色，显示的色条是蓝色，在下面显示了 3 个颜色条。

3.5.3 案例实现

1．编写 index.wxml 文件代码。
（1）代码利用 wx:if...wx:elif...wx:else 来判断 color 的值是 red、green、blue 还是其他颜色，然后根据判断结果来显示相应的颜色条。color 的值来自 js 文件。

图 3.10　条件渲染案例运行效果

（2）代码利用 <block wx:if="{{condition}}"> 来判断 length > 10 与否，如果条件满足，则显示红、绿、蓝 3 个颜色条，否则不显示。length 的值来自 js 文件。

（3）代码中使用了 4 种样式：.view-item、.bc-red、.bc-green 和 .bc-blue，.view-item 用来设置颜色条的尺寸，其他 3 种样式用来设置颜色条的背景颜色。

index.wxml 文件：

```
<!--index.wxml-->
<view style='margin:20px;text-align:center;'>
  利用 view 中的 wx:if 进行条件渲染
  <view wx:if="{{color=='red'}}">红色</view>
  <view wx:elif="{{color=='green'}}">绿色</view>
  <view wx:elif="{{color=='blue'}}">蓝色</view>
  <view wx:else>其他颜色</view>
  <view class='view-item' style="background-color:{{color}}"></view>
</view>
<view style='margin:20px;text-align:center;'>
  利用 block 中的 wx:if 进行条件渲染
  <block wx:if="{{length>10}}">
    <view class='view-item bc-red'>红色</view>
    <view class='view-item bc-green'>绿色</view>
    <view class='view-item bc-blue'>蓝色</view>
  </block>
</view>
```

2. 编写 index.wxss 文件代码。文件定义了 4 个样式：.view-item、.bc-red、.bc-green 和 .bc-blue。

index.wxss 文件：

```
/**index.wxss**/
.view-item{
  width:100%;
  height:50px;
}
.bc-red{
  background-color:red;
}
.bc-green{
  background-color:green;
}
.bc-blue{
  background-color:blue;
}
```

3. 编写 index.js 文件代码。文件在 data 对象中初始化了 2 个变量：color 和 length，这 2 个变量在 index.wxml 文件中已经进行了绑定，通过传值实现视图层的条件渲染。

index.js 文件：

```
//index.js
Page({
  data:{
    color:'blue',       // 初始化 color 的值
```

```
        length:15             // 初始化 length 的值
    }
})
```

3.5.4 相关知识

1. wx:if。在框架中，使用 wx:if="{{condition}}" 来判断是否需要渲染该代码块：

```
<view wx:if="{{condition}}">True</view>
```

也可以用 wx:elif 和 wx:else 来添加一个 else 块，例如：

```
<view wx:if="{{length>5}}">1</view>
<view wx:elif="{{length>2}}">2</view>
<view wx:else>3</view>
```

2. block wx:if。因为 wx:if 是一个控制属性，需要将它添加到一个标签上。如果要一次性判断多个组件标签，可以使用一个 <block/> 标签将多个组件包装起来，并在上边使用 wx:if 控制属性，例如：

```
<block wx:if="{{true}}">
    <view>view1</view>
    <view>view2</view>
</block>
```

注意：<block/> 并不是一个组件，它仅仅是一个包装元素，不会在页面中做任何渲染，只接受控制属性。

3.5.5 总结与思考

1. 本案例涉及如下知识要点：
（1）使用 wx:if="{{condition}}" 来判断是否需要渲染代码块的方法。
（2）使用 <block/> 标签将多个组件包装起来，并在上边使用 wx:if 控制属性的实现方法。
2. 请思考以下问题：如何利用 input 组件输入 color 和 length 变量来实现以上案例的效果？

案例 3.6 成绩等级计算器

3.6.1 案例描述

编写一个小程序，输入成绩后显示成绩等级，如果输入成绩大于 100 或者小于 0，则显示成绩输入有误的提示。

3.6.2 实现效果

根据案例描述可以做出如图 3.11 所示的效果。初始界面显示"不及格"，这是由于 score

的初始值为 0 造成的，正确输入一个成绩并点击其他位置后，将显示该成绩的等级，如果输入成绩大于 100 或小于 0，则显示"成绩输入有误！"的提示。

（a）初始界面　　　　　　　（b）正确输入后的结果　　　　　（c）不正确输入后的结果

图 3.11　成绩等级计算器案例运行效果

3.6.3　案例实现

1. 编写 index.wxml 文件代码。代码中主要利用 input 组件来输入成绩，该成绩在 js 文件中获取，并被渲染到 WXML 视图层，在视图层利用 wx:if 来判断成绩等级并显示。input 组件的上、下外边距，以及宽度、高度和边框等样式通过 input 样式来设置。

index.wxml 文件：

```
<!--index.wxml-->
<view class='box'>
  <view class='title'>成绩等级计算器</view>
  <view>请输入你的考试成绩</view>
  <input bindblur='scoreInput' placeholder='在此输入成绩'></input>
  <view wx:if='{{score>100||score<0}}'>成绩输入有误！</view>
  <view wx:elif='{{score>90}}'>成绩等级：优秀</view>
  <view wx:elif='{{score>80}}'>成绩等级：良好</view>
  <view wx:elif='{{score>70}}'>成绩等级：中等</view>
  <view wx:elif='{{score>60}}'>成绩等级：及格</view>
  <view wx:else>成绩等级：不及格</view>
</view>
```

2. 编写 index.wxss 文件代码。文件定义了 input 组件的样式。

index.wxss 文件：

```
/*index.wxss*/
input{
  margin-top:20px;           /* 上外边距 */
  margin-bottom:20px;        /* 下外边距 */
  width:50%;                 /* 宽度 */
  height:80rpx;              /* 高度 */
  border:1px solid silver;   /* 边框线为 1px，实线，银灰色 */
}
```

3. 编写 index.js 文件中的代码。在 data 中初始化 score 的值为 0，这是小程序运行后初始界面显示"不及格"的原因。在 scoreInput 函数中利用 this.setData() 函数修改 score 的值为 input 组件中输入的值,并把该值渲染到视图层。

index.js 文件:

```
//index.js
Page({
  data:{
    score:0                      //score 初始值
  },
  scoreInput:function(e){
    this.setData({
      score:e.detail.value       // 修改 score 的值为 input 组件中的输入值
    })
  }
})
```

3.6.4 相关知识

本案例综合运用了 input 组件和 wx:if 实现成绩等级的判断。

3.6.5 总结与思考

1. 本案例主要涉及以下知识要点:多级条件渲染 wx:if 的使用方法。
2. 请思考以下问题:该案例可以在逻辑层中实现吗?如果能实现,应如何实现?

案例 3.7 列表渲染

3.7.1 案例描述

编写一个小程序,利用 wx:for 实现对绑定数组、直接数组、对象以及字符串的列表渲染,利用 wx:for-index 和 wx:for-item 实现对 index 和 item 的重命名,在 block 标签中使用 wx:for 实现对多节点结构块的渲染。

3.7.2 实现效果

根据案例描述可以做出如图 3.12 所示的效果。界面中出现了对数组、对象、字符串列表渲染以及利用 block 渲染多节点结构块的结果。

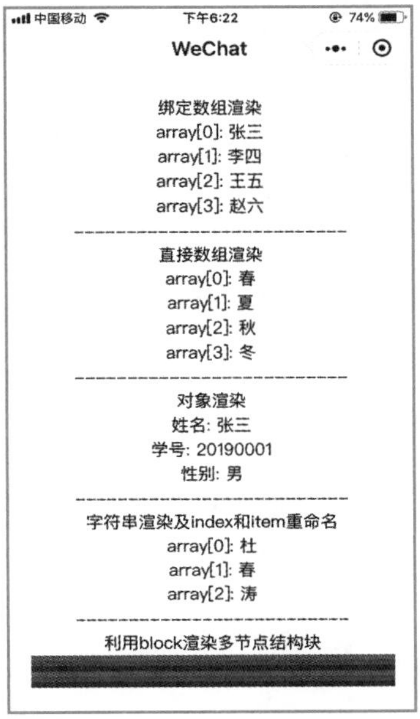

3.7.3 案例实现

1. 编写 index.wxml 文件代码。文件利用 wx:for 先后对绑定的数组、直接数组、对象、字符串进行列表渲染。列表渲染默认的数组下标为 index,默认数组元素为 item,在对字符串进行列表渲染时,对默认数组下标和数组元素

图 3.12 列表渲染案例运行效果

进行了重命名。最后利用 block 标签和 wx:for 控制属性对 3 个 view 组件进行了渲染，打印出了 2 个红、绿、蓝色带。

（1）本案例使用了 4 个样式：.view-item、.bc-red、.bc-green 和 .bc-blue。.view-item 用于设置色条的尺寸，其他 3 种样式用于设置色条的背景颜色。

（2）当对对象进行列表渲染时，index 表示对象的属性名，item 表示对象的属性值。

（3）当对字符串进行列表渲染时，字符串被解析为字符数组。

index.wxml 文件：

```
<!--index.wxml-->
<view style='margin:20px;text-align:center'>
  <view>绑定数组渲染</view>
  <view wx:for='{{array}}'>
    array[{{index}}]:{{item}}
  </view>
  -------------------------
  <view>直接数组渲染</view>
  <view wx:for="{{['春','夏','秋','冬']}}">
    array[{{index}}]:{{item}}
  </view>
  -------------------------
  <view>对象渲染</view>
  <view wx:for='{{object}}'>
    {{index}}:{{item}}
  </view>
  -------------------------
  <view>字符串渲染及 index 和 item 重命名</view>
  <view wx:for='杜春涛' wx:for-index='i' wx:for-item='j'>
    array[{{i}}]:{{j}}
  </view>
  -------------------------
  <view>利用 block 渲染多节点结构块</view>
  <block wx:for="{{[1,2]}}">
    <view class='view-item bc-red'></view>
    <view class='view-item bc-green'></view>
    <view class='view-item bc-blue'></view>
  </block>
</view>
```

2. 编写 index.wxss 文件代码。文件定义了 4 个样式：.view-item、.bc-red、.bc-green 和 .bc-blue。

index.wxss 文件：

```
/**index.wxss**/
.view-item{
  width:100%;
  height:5px;
}
```

```
.bc-red{
  background-color:red;
}
.bc-green{
  background-color:green;
}
.bc-blue{
  background-color:blue;
}
```

3. 编写 index.js 文件代码。文件对绑定的数组 array 和对象 object 进行了初始化。
index.js 文件：

```
//index.js
Page({
  data:{
    array:['张三','李四','王五','赵六'],        //初始化绑定的数组 array
    object:{                                    //初始化绑定的对象 object
      姓名:'张三',
      学号:'20190001',
      性别:'男'
    }
  }
})
```

3.7.4 相关知识

在组件上使用 wx:for 控制属性绑定一个数组，即可使用数组中各项的数据重复渲染该组件。数组当前项的下标变量名默认为 index，数组当前项的变量名默认为 item。使用 wx:for-item 可以指定数组当前元素的变量名，使用 wx:for-index 可以指定数组当前下标的变量名。类似 block wx:if，也可以将 wx:for 用在 <block/> 标签上，以渲染一个包含多节点的结构块。

如果列表元素的位置会动态改变或者有新的元素添加到列表中，并且希望列表中的元素保持自己的特征和状态（如 input 中的输入内容，switch 的选中状态），需要使用 wx:key 来指定列表中元素的唯一的标识符。如不提供 wx:key，会报一个 warning，如果明确知道该列表是静态，或者不必关注其顺序，可以选择忽略。

注意：

（1）当 wx:for 的值为字符串时，会将字符串解析成字符数组。如：

```
<view wx:for="array">
 {{item}}
</view>
```

等同于

```
<view wx:for="{{['a','r','r','a','y']}}">
```

```
    {{item}}
</view>
```

（2）花括号和引号之间如果有空格，将最终被解析成为字符串。如：

```
<view wx:for="{{[1,2,3]}} ">
    {{item}}
</view>
```

等同于

```
<view wx:for="{{[1,2,3]+' '}}">
    {{item}}
</view>
```

3.7.5 总结与思考

1. 本案例主要涉及如下知识要点：
（1）利用 wx:for 对数组、对象和字符串进行列表渲染的方法。
（2）利用 wx:for-index 和 wx:for-item 修改数组默认下标 index 和默认数组元素 item 的方法。
（3）在 block 标签中使用 wx:for 对多节点结构块进行列表渲染的方法。
2. 请思考以下问题：
（1）字符串中的一个汉字和一个英文字母所占的存储空间是否相同？
（2）利用列表渲染对象时，index 和 item 分别表示什么？

案例 3.8　九九乘法表

3.8.1　案例描述

编写一个小程序，综合运用 wx:if 条件渲染和 wx:for 列表渲染在视图层打印一个九九乘法表。

3.8.2　实现效果

根据案例描述可以做出如图 3.13 所示的九九乘法表。

图 3.13　九九乘法表案例运行效果

3.8.3 案例实现

1. 编写 index.wxml 文件中的代码。本文件利用双重 wx:for 列表渲染和 wx:if 条件渲染来实现九九乘法表的打印。代码中使用了 .con 和 .inline 两种样式，.con 用于控制字体大小和边距，.inline 利用 inline-block 属性控制某一 i 行的所有 j 列都在同一行内显示，而且上一次 j 循环与下一次 j 循环列之间留有空格。此外，使用 width 属性控制每一行的总宽度，从而保证最长一行文字能够显示出来，显示的文字大小合适。

index.wxml 文件：

```
<!--index.wxml-->
<view class='con'>
  <view wx:for="{{[1,2,3,4,5,6,7,8,9]}}" wx:for-item="i">
    <view class='inline' wx:for="{{[1,2,3,4,5,6,7,8,9]}}" wx:for-item="j">
      <view wx:if="{{j<=i}}">
        {{i}}×{{j}}={{i*j}}
      </view>
    </view>
  </view>
</view>
```

2. 编写 index.wxss 文件代码。本案例定义了 .con 和 .inline 样式。

index.wxss 文件：

```
/**index.wxss**/
.con{
  font-size:14px;           /** 设置字体大小 **/
  margin:10px;              /** 设置外边距 **/
}
.inline{
  display:inline-block;     /** 设置布局类型 **/
  width:65px;               /** 设置宽度 **/
}
```

3. 编写 index.json 文件代码。该文件用来显示小程序标题栏的样式和文本内容，前面已经讲过，这里就不再赘述。

index.json 文件：

```
{
  "navigationBarBackgroundColor":"#000000",
  "navigationBarTitleText":"九九乘法表",
  "navigationBarTextStyle":"white",
  "backgroundTextStyle":"dark"
}
```

3.8.4 相关知识

本案例综合运用条件渲染和双重列表渲染实现了打印九九乘法表的算法，同时使用了

inline-block 属性设置布局方式。

1. 双重列表渲染是指列表渲染中嵌套了列表渲染。其循环过程是这样的：首先判断是否满足外循环条件，如果满足，则进入内循环，内循环结束后再判断是否满足外循环条件，如果满足再次进入内循环，如此循环下去，直至外循环条件不满足，退出整个循环。

2. 九九乘法表算法。首先确定在哪个位置打印三角形九九乘法表，如果在左下角打印，则：第 1 行打印 1 列：1×1=1，第 2 行打印 2 列：2×1=2 2×2=4，第 i 行打印 i 列……第 9 行打印 9 列。假设用 i 表示行元素值并进行外循环，利用 j 表示列元素值并进行内循环，i 和 j 的列表渲染数组都是 [1,2,3,4,5,6,7,8,9]，从运行结果可以看出，左下角位置的九九乘法表，其行元素值要大于或等于列元素值，因此当满足 j<=i 时打印出 i×j = i * j，这样就可以打印出左下角三角形的九九乘法表。

3. 利用 inline-block 设置布局方式。设置了 inline-block 属性的元素既拥有了 block 元素可以设置 width 和 height 的特性，又保持了 inline 元素不换行的特性。

3.8.5　总结与思考

1. 本案例主要涉及如下知识要点：
（1）双重 wx:for 列表渲染的应用。
（2）inline-block 样式的应用。
2. 请思考以下问题：如何打印右上角、左上角和左下角三角形的九九乘法表？

案例 3.9　模板的定义及引用

3.9.1　案例描述

编写一个小程序，首先定义 1 个模板，其中包含 1 个学生的姓名、年龄和性别等信息，然后使用该模板创建 3 个学生。

3.9.2　实现效果

根据案例描述可以做出如图 3.14 所示的效果。界面上显示了利用模板创建的 3 个学生的信息。

图 3.14　模板的定义及引用案例运行效果

3.9.3　案例实现

1. 添加 template.wxml 文件并编写代码。在项目 pages 文件夹中添加 template.wxml 文件，并在其中创建一个名为 student 的模板，模板中包含学生姓名、年龄和性别内容，代码如下：

template.wxml 文件：

```
<!--template.wxml-->
<template name='student'>
```

```
<view>name:{{name}}</view>
<view>age:{{age}}</view>
<view>gender:{{gender}}</view>
</template>
```

2. 编写 index.wxml 文件代码。在文件中首先利用 import 标签的 src 属性引用 student 模板所在的文件 template.wxml，然后通过 template 标签的 is 属性引用模板，通过 data 属性传入模板数据。对象数据的传入可以通过"... 对象名"，也可以通过对象"属性名 1: 属性值 1, 属性名 2: 属性值 2,……"传入数据。

index.wxml 文件：

```
<!--index.wxml-->
<view class='box'>
  <view class='title'>模板的定义和引用</view>
  <import src='template.wxml' />
  <template is='student' data="{{...stu01}}" />
  ---------------------------
  <template is='student' data="{{...stu02}}" />
  ---------------------------
  <template is='student' data="{{name:'王五',age:'20',gender:'男'}}" />
</view>
```

3. 编写 index.js 文件代码。在该文件的 data 对象中需要初始化 index.wxml 文件中绑定的对象数据 stu01 和 stu02。

index.js 文件：

```
//index.js
Page({
  data: {
    stu01: {
      name: '张三',
      age: 18,
      gender: '男'
    },
    stu02: {
      name: '李四',
      age: 19,
      gender: '女'
    }
  }
})
```

3.9.4 相关知识

WXML 提供模板（template），可以在模板中定义代码片段，然后在不同的地方调用。定义模板时要使用 name 属性作为模板的名字，使用模板时要使用 is 属性来声明需要使用的模板，然后将模板所需要的数据通过 data 属性传入。is 属性可以使用 Mustache 语法，来动态决定具体需要渲染哪个模板。模板拥有自己的作用域，只能使用 data 传入的数据以及模板定义文件中定义的 <wxs /> 模块。

利用 import 可以引用目标文件中定义的 template。import 有作用域的概念，即只会 import 目标文件中定义的 template，而不会 import 目标文件 import 的 template，如：C import B，B import A，在 C 中可以使用 B 定义的 template，在 B 中可以使用 A 定义的 template，但是 C 不能使用 A 定义的 template。

3.9.5 总结与思考

1. 本案例主要涉及如下知识要点：
（1）在项目中添加文件的方法。
（2）模板的定义、引用和使用方法。
2. 请思考以下问题：利用 import 除了引用文件中的模板外，还可以引用文件中的其他内容吗？

案例 3.10 利用 include 引用文件

3.10.1 案例描述

编写一个小程序，在项目中添加文件 header.wxml 和 footer.wxml，然后在 index.wxml 文件中利用 include 引用 header.wxml 和 footer.wxml，作为 index 页面的头部和尾部内容。

3.10.2 实现效果

根据案例描述可以做出如图 3.15 所示的效果。界面头部内容"首页 新闻……"是通过引用 header.wxml 文件来实现的，界面底部内容"版权所有……"是通过引用 footer.wxml 文件来实现的。

3.10.3 案例实现

1. 添加 header.wxml 文件并编写该文件中的代码。该文件用来显示一个页面的头部内容。在该文件中添加如下代码，并利用 header 样式进行布局，header 样式在 index.wxss 中进行定义。

header.wxml 文件：

图 3.15 利用 include 引用文件案例运行效果

```
<!--header.wxml-->
<view class='header'>
    <view> 首页 </view>
    <view> 新闻 </view>
    <view> 介绍 </view>
    <view> 机构 </view>
```

```
<view>教学</view>
<view>科研</view>
</view>
```

2. 添加 footer.wxml 文件并编写该文件中的代码。该文件用来显示一个页面的尾部内容。在该文件中添加如下代码，并使用 footer 样式布局，该样式在 index.wxss 中进行定义。

footer.wxml 文件：

```
<!--footer.wxml-->
<view class='footer' style='height:100px;'>
    版权所有 @ 北方工业大学    |    电话：010-88802114
</view>
```

3. 编写 index.wxss 文件代码。文件中定义了在 header.wxml 中使用的样式 .header 和在 footer.wxml 中使用的样式 .footer。.header 样式采用了 flex 布局，布局方向 flex-direction 为 row，水平对齐方式 justify-content 为均匀分布 space-evenly。

index.wxss 文件：

```
/*index.wxss*/
.header{
  margin:20rpx;
  color:blue;
  font-size:22px;
  display:flex;
  flex-direction:row;
  justify-content:space-evenly;
}
.footer{
  margin:20rpx;
  font-size:15px;
  text-align:center;
}
```

4. 编写 index.wxml 文件代码。文件头部利用 include 的 src 属性引用了 header.wxml 文件，文件尾部引用了 footer.wxml 文件，从而使 index.wxml 文件的头部和尾部分别显示了 header.wxml 和 footer.wxml 文件中的内容和样式。

index.wxml 文件：

```
<!-- index.wxml-->
<include src='header.wxml'/>
<view style='margin:20px;text-align:justify'>北方工业大学创办于 1946 年，前身是国立北平高级工业职业学校，1985 年更名为北方工业大学，1998 年 9 月起以北京市管理为主。历经七十年风雨沧桑，逐步发展成为一所以工为主、文理兼容，具有学士、硕士、博士培养层次的多科性高等学府。学校位于北京城西，东接五环，北倚西山，占地面积近 500 亩，建筑面积 40 余万平方米。校园整洁雅致，景色宜人，绿化面积超过 50%，是北京市十佳美丽校园之一。
</view>
```

```
<include src='footer.wxml'/>
```

3.10.4 相关知识

WXML 提供两种文件引用方式：import 和 include。import 只能引用文件中定义的 template，不能引用该文件中的其他内容，而通过 include 可以引用文件中除了 <template/> 和 <wxs/> 之外的整个代码，相当于将目标文件中的代码复制到 include 位置。

3.10.5 总结与思考

1. 本案例主要涉及如下知识要点：
（1）利用 include 引用文件的方法。
（2）实现组件水平均匀分布的方法。

2. 请思考如下问题：
（1）利用 import 和 include 引用文件有什么区别？
（2）在 index.wxss 文件中定义的样式除了在 index.wxml 文件中使用外，是否可以在该项目中的其他任何 WXML 文件中使用？

第 4 章 小程序组件

本章概要

本章设计了 10 个案例,演示了小程序组件的各种功能和使用方法。使用的组件包括:视图容器、基础内容、表单组件、导航组件、媒体组件、地图、画布等内容。

学习目标

- 了解各种组件的功能和组件常用属性的设置方法
- 掌握常用组件的使用方法

案例 4.1 货币兑换

4.1.1 案例描述

设计一个小程序,实现人民币与其他货币之间的兑换。当输入人民币的数值后,能够显示其他货币对应的金额。

4.1.2 实现效果

根据案例描述可以做出如图 4.1 所示的效果。

初始界面如图 4.1(a)所示,此时 input 组件自动获得焦点,屏幕下方弹出数字键盘。

在 input 组件中输入数值并点击"计算"按钮后的界面如图 4.1(b)所示,此时显示输入的人民币兑换成其他货币的数值。

点击"清除"按钮后的界面如图 4.1(c)所示,此时 input 组件中的数据被清除,兑换成其他货币的数据也被清除。

(a)初始界面　　　　　　　(b)"计算"界面　　　　　　　(c)"清除"界面

图 4.1　货币兑换案例运行效果

4.1.3 案例实现

1. 编写 index.wxml 文件代码。代码中主要包含了 1 个 form 组件、1 个 input 组件、2 个 button 组件和多个 text 组件。

(1)form 组件绑定了提交事件函数 calc,提交事件由"计算"按钮组件来实现,因为"计算"按钮中的属性 form-type='submit' 表明由该按钮完成 form 组件的提交事件。

(2)form 组件绑定了重置事件函数 reset,重置事件由"清除"按钮组件来实现,因为"清除"按钮中的属性 form-type='reset' 表明由该按钮完成 form 组件的重置事件。

（3）input 组件中的 name 属性是必需的，它用于获取 form 容器中的 input 组件的 value 值，auto-focus 属性用于自动获得焦点。

（4）代码中使用了 4 种样式：input、button、.btnLayout、.textLayout。input 和 button 分别用于设置 input 和 button 组件的样式，.btnLayout 和 .textLayout 分别用于设置 button 和 text 两种组件的布局。

index.wxml 文件：

```
<!--index.wxml-->
<view class='box'>
  <view class='title'>货币兑换</view>
  <form bindsubmit='calc' bindreset='reset'>
    <input name='cels' placeholder='请输入人民币金额' type='number' auto-focus='true' ></input>
    <view class='btnLayout'>
      <button type='primary' form-type='submit'>计算</button>
      <button type='primary' form-type='reset'>清除</button>
    </view>
    <view class='textLayout'>
      <text>兑换美元为：{{M}}</text>
      <text>兑换英镑为：{{Y}}</text>
      <text>兑换港币为：{{G}}</text>
      <text>兑换欧元为：{{O}}</text>
      <text>兑换韩元为：{{H}}</text>
      <text>兑换日元为：{{R}}</text>
    </view>
  </form>
</view>
```

2. 编写 index.wxss 文件代码。代码主要定义了 4 种样式：input、button、.btnLayout 和 .textLayout。

index.wxss 文件：

```
/*index.wxss*/
input{
  border-bottom:2px solid blue;      /*设置下边框线*/
  margin:10px 0;                     /*设置上下外边距为10px，左右外边距为0*/
  font-size:25px;                    /*设置字体大小*/
  color:red;                         /*设置字体颜色*/
  padding:15px;                      /*设置内边距*/
}
button{
  width:40%;                         /*设置按钮宽度*/
  margin:10px;                       /*设置按钮外边距*/
}
.btnLayout{
  display:flex;                      /*设置布局方式为弹性盒子布局*/
```

```
    flex-direction:row;              /* 设置横向为弹性盒子的主轴方向 */
    justify-content:center;          /* 沿主轴方向居中对齐 */
}
.textLayout{
    display:flex;
    flex-direction:column;           /* 设置纵向为弹性盒子的主轴方向 */
    align-items:flex-start;          /* 沿交叉轴方向左对齐 */
    font-size:20px;
    margin-top:20px;
    margin-left:20px;
    line-height:40px;                /* 设置行高 */
}
```

3. 编写 index.js 文件代码。代码主要定义了 calc 函数和 reset 函数。calc 函数用于实现货币转换，reset 函数用于清空各种货币的值。针对 input 组件中输入的 value 值，可以不用判断该值是否为非数字，因为 input 组件中设置的 type 属性限制了非数字字符的输入。

index.js 文件：

```
//index.js
var C;// 定义全局变量，用于存放人民币的值
Page({
    // 事件处理函数
    calc:function(e){                          // 计算按钮事件函数
        C=parseInt(e.detail.value.cels);
                                               // 将 input 组件的 value 值转化为整数类型并赋值给 C
        this.setData({
            M:(C/6.8801).toFixed(4),           // 货币转换为美元并保留小数点后 4 位
            Y:(C/8.7873).toFixed(4),           // 货币转换为英镑并保留小数点后 4 位
            G:(C/0.8805).toFixed(4),           // 货币转换为港元并保留小数点后 4 位
            O:(C/7.8234).toFixed(4),           // 货币转换为欧元并保留小数点后 4 位
            H:(C/0.0061).toFixed(4),           // 货币转换为韩元并保留小数点后 4 位
            R:(C/0.0610).toFixed(4),           // 货币转换为日元并保留小数点后 4 位
        })
    },
    reset:function(){                          // 清空按钮事件函数
        this.setData({                         // 将变量设置为空字符并渲染到视图层
            M:'',
            Y:'',
            G:'',
            O:'',
            R:'',
            H:''
        })
    }
})
```

4.1.4 相关知识

本案例主要使用了 form 表单组件。该组件用于将用户在其内部组件 switch、input、checkbox、slider、radio、picker 内输入的内容提交。当点击 form 表单中 form-type 为 submit 的 button 组件时，会将表单组件中的 value 值进行提交，需要在表单内各组件中加上 name 来区分不同组件的 value。form 组件常用属性说明如表 4.1 所示。

表 4.1 form 组件常用属性说明

属性	类型	必填	说明
bindsubmit	eventhandle	否	携带 form 中的数据触发 submit 事件，event.detail = {value : {'name': 'value'} , formId: ''}
bindreset	eventhandle	否	表单重置时会触发 reset 事件

4.1.5 总结与思考

1. 本案例主要涉及如下知识要点：
（1）获取 form 容器中各组件 value 值的方法。
（2）flex 布局中 justify-content 属性和 align-items 属性的区别。
（3）JavaScript 中的全局对象函数 parseInt() 的功能及使用方法。
2. 请思考以下问题：
（1）如何获取 form 组件中多个子组件的 value 值？
（2）案例代码中为什么没有判断 input 组件中输入的可能为非数字数据的情况？

案例 4.2 三角形面积计算器

1　　　2

4.2.1 案例描述

设计一个根据三角形的三条边求三角形面积的微信小程序。根据三角形三条边计算三角形面积的公式如下：

$$area = \sqrt{s(s-a)(s-b)(s-c)}$$

其中，a、b、c 为三角形的三条边长，$s=(a+b+c)/2$。

4.2.2 实现效果

根据案例描述可以做出如图 4.2 所示的效果。当在输入框中输入数据时出现如图 4.2（a）所示的界面，此时在屏幕下方自动弹出数字键盘，当输入完所有数据并点击"计算"按钮时，如果输入数据正确，则显示正确的计算结果，如图 4.2（b）所示；如果输入的数据不正确，将出现错误提示，如图 4.2（c）所示。

（a）输入界面　　　　　　（b）输入正确时的计算结果　　　　（c）输入错误时的计算结果

图 4.2　三角形面积计算器案例运行效果

4.2.3　案例实现

1. 编写 index.wxml 文件代码。从运行结果可以看出：界面中主要包括 3 个 input 组件和 1 个 button 组件。代码中将 3 个 input 组件放在 form 表单组件中，表单绑定了提交事件函数 formSubmit。文件使用了 input、button 和 text 三种样式来设置对应组件的样式。

index.wxml 文件：

```
<!--index.wxml-->
<view class="box">
  <view class='title'>三角形面积计算器</view>
  <form bindsubmit="formSubmit">
    输入三角形的三条边长:
    <input type="digit" placeholder='第1条边长' name='a' value='{{a}}' />
    <input type="digit" placeholder='第2条边长' name='b' value='{{b}}' />
    <input type="digit" placeholder='第3条边长' name='c' value='{{c}}' />
    <button form-type='submit'>计算</button>
  </form>
  <text>三角形的面积为: {{result}}</text>
</view>
```

2. 编写 index.wxss 文件代码。文件定义了 input, button, text 样式，用来设置 3 种组件字体大小、外边距和 input 组件的下边框样式。

index.wxss 文件：

```
/*index.wxss*/
input,button,text{
  /* 定义3种组件的样式 */
  font-size:20px;
```

```
    margin:20px 0;
}
input{
    border-bottom:1px solid blue;       /*设置input组件的下边框样式*/
}
```

3. 编写 index.js 文件代码。文件定义了清空 input 组件中输入的数据的函数 clear() 和表单提交事件函数 formSubmit()。

（1）clear() 函数用于清除 input 组件中输入的数据。

（2）formSubmit() 用于计算三角形面积。首先定义 3 个局部变量 a、b 和 c 来存放 3 个 input 组件中输入的数据，然后根据 a、b、c 的值首先判断是否构成一个三角形，如果不构成三角形则给出错误提示，否则根据三角形面积计算公式求出三角形的面积。由于从 input 组件获得的 a、b、c 的值都是字符串，因此在计算时首先将它们乘 1 转换为数值类型，然后再参与计算。最后将计算结果通过 this.setData() 函数传给视图层 index.wxml 的 {{result}}。

index.js 文件：

```
//index.js
Page({
  clear:function(){                                    //清空input组件中输入的数据
    this.setData({
      a:'',
      b:'',
      c:'',
      result:''
    })
  },
  formSubmit:function(e){
    var a=parseFloat(e.detail.value.a);    //将input组件中的value值转换为实数类型并赋值给变量a
    var b=parseFloat(e.detail.value.b);    //将input组件中的value值转换为实数类型并赋值给变量b
    var c=parseFloat(e.detail.value.c);    //将input组件中的value值转换为实数类型并赋值给变量c
    var area;    //定义存放面积的变量
    if(a+b<=c||a+c<=b||b+c<=a){            //如果三角形的两边之和小于第三边
      wx.showToast({                       //调用API函数显示提示对话框
        title:'三角形的两边之和小于第三边！',  //对话框标题
        icon:'none',                       //对话框图标
        duration:2000,                     //对话框显示时长
      });
      this.clear();                        //调用函数清空input组件中的数据
      return;
    } else{//计算三角形面积
      var s=(a+b+c)/2;
      area=Math.sqrt(s*(s-a)*(s-b)*(s-c))
    }
    this.setData({
      result:area                          //将三角形面积渲染到视图层
```

```
    });
  }
})
```

4.2.4 相关知识

本案例除了涉及获取 form 组件中多个 input 组件的 value 值，还涉及小程序中消息提示框的 API 函数的使用方法。获取 form 组件中多个 input 组件 value 值的方法在上一个案例中已经进行了介绍，这里就不再赘述。小程序中与消息对话框有关的 API 函数包括：wx.showToast(Object object)、wx.showModal(Object object)、wx.showLoading(Object object)、wx.hideToast(Object object) 和 wx.hideLoading(Object object)。

本案例中使用了 wx.showToast(Object object) 函数。该函数用于显示消息提示框，其参数 Object object 的属性如表 4.2 所示。

表 4.2 函数 wx.showToast(Object object) 的参数属性说明

属　性	类　型	默 认 值	必　填	说　明
title	string		是	提示的内容
icon	string	'success'	否	图标
image	string		否	自定义图标的本地路径，image 的优先级高于 icon
duration	number	1500	否	提示的延迟时间
mask	boolean	FALSE	否	是否显示透明蒙层，防止触摸穿透
success	function		否	接口调用成功的回调函数
fail	function		否	接口调用失败的回调函数
complete	function		否	接口调用结束的回调函数（调用成功、失败都会执行）

object.icon 的合法值如表 4.3 所示。

表 4.3 object.icon 的合法值

值	说　明
success	显示成功图标，此时 title 文本最多显示 7 个汉字长度
loading	显示加载图标，此时 title 文本最多显示 7 个汉字长度
none	不显示图标，此时 title 文本最多可显示两行，1.9.0 及以上版本支持

4.2.5 总结与思考

1. 本案例主要涉及如下知识要点：
（1）消息提示框函数 wx.showToast(Object object) 的使用方法。
（2）全局函数的定义和使用方法。
（3）parseFloat 函数的使用方法。
2. 请思考以下问题：根据该案例，如何设计一个一元二次方程求根的小程序？

第 4 章　小程序组件

案例 4.3　设置字体样式和大小

1　　　　2

4.3.1　案例描述

编写一个小程序，利用 radio 组件来改变字体类型，利用 checkbox 组件来改变字体加粗、倾斜和下画线等样式。

4.3.2　实现效果

根据案例描述可以做出如图 4.3 所示的效果。初始界面如图 4.3（a）所示，界面上面显示"北方工业大学"一行文字，下面有设置文字样式的 3 个 checkbox 组件和设置文字大小的 3 个 radio 组件。当选择某个 checkbox 组件和 radio 组件时，文字样式和大小会发生相应的变化，图 4.3（b）是选择加粗、倾斜、下画线 checkbox 组件和 35px 的 radio 单选项组件时的效果。

（a）初始界面　　　　　　　　　　　　（b）选择后的界面

图 4.3　设置字体样式和大小案例运行效果

4.3.3　案例实现

1. 编写 index.wxml 文件代码。文件通过 text 组件显示文本，通过 checkbox 组件改变文本的样式，通过 radio 组件改变文本字体的大小。

（1）代码通过绑定 text 组件的属性来动态改变文本的样式，属性包括：font-weight（控制字体是否加粗）、font-style（控制字体是否倾斜）、text-decoration（修饰字体，包括是否有下画线等）、font-size（控制字体大小），从而实现字体样式的变化。

（2）代码中定义了 3 个 checkbox 组件实现对字体的加粗、倾斜和下画线的控制。这 3 个组件放置在 checkbox-group 组件中，该组件绑定了变化事件，实现对 3 个 checkbox 组件选择变化的监听。

（3）代码中定义了 3 个 radio 组件实现对文字大小的控制。这 3 个组件放置在 radio-group 组件中，该组件绑定了变化事件，实现对 3 个 radio 组件选择变化的监听。

（4）代码利用 checkbox 和 radio 样式来设置这两种组件的样式。

index.wxml 文件：

```
<!--index.wxml-->
```

```
<view class='box'>
  <view class='title'>修改字体样式和大小 </view>
  <text style='font-weight:{{myBold}};font-style:{{myItalic}};text-decoration:{{myUnderline}};font-size:{{myFontSize}}'> 北方工业大学 </text>
  <checkbox-group bindchange='checkboxChange'>
    <checkbox value='isBold'>加粗 </checkbox>
    <checkbox value='isItalic'>倾斜 </checkbox>
    <checkbox value='isUnderline'>下画线 </checkbox>
  </checkbox-group>
  <radio-group bindchange='radioChange'>
    <radio value='15px'>15px</radio>
    <radio value='25px' checked='true'>25px</radio>
    <radio value='35px'>35px</radio>
  </radio-group>
</view>
```

2. 编写 index.wxss 文件中的代码。代码定义了 checkbox, radio 样式，设置了这两种组件的上、下边距和右边距。

index.wxss 文件：

```
/**index.wxss**/
radio,checkbox{
  margin-top:20rpx;
  margin-bottom:10rpx;
  margin-right:10rpx;
}
```

3. 编写 index.js 文件代码。在该文件的 data 对象中初始化了 myFontSize 值，然后编写了 checkbox 事件函数 checkboxChange 和 radio 事件函数 radioChange。

（1）在 checkboxChange 函数中，首先把获取的选择项存放在字符串数组 text 中，然后通过循环对该数组中的字符串进行遍历，从而找出选择项，并根据选择项，通过 this.setData() 函数设置字体样式。

（2）在 radioChange 函数中，直接利用 this.setData() 函数将单选选择项赋值给 index.wxml 文件中绑定的 {{myFontSize}} 即可，因为 radio 单选项每次只能选择一个。

index.js 文件：

```
//index.js
Page({
  data:{
    myFontSize:'25px'              //设置字体初始大小
  },
  checkboxChange:function(e){      //checkbox 组件事件函数
    var text=[];                   // 定义存放 checkbox 选项的数组
    var mybold='';                 // 定义是否加粗的变量
    var myitalic='';               // 定义是否倾斜的变量
    var myunderline='';            // 定义是否有下画线的变量
    text=e.detail.value;           // 将 checkbox 的所有选中项的 value 值赋值给 text
```

```
        for(var i=0;i<text.length;i++){    // 利用循环判断选中了 checkbox 的哪些选项
          if(text[i]=='isBold'){            // 如果加粗的 checkbox 组件被选中
            mybold='bold';// 将加粗的属性值 bold 赋值给局部变量 mybold
          }
          if(text[i]=='isItalic'){          // 如果倾斜的 checkbox 组件被选中
            myitalic='italic';
          }
          if(text[i]=='isUnderline'){       // 如果下画线的 checkbox 组件被选中
            myunderline='underline';
          }
        }
        this.setData({
          myBold:mybold,                    // 将局部变量赋值给绑定变量并渲染到视图层
          myItalic:myitalic,
          myUnderline:myunderline,
        })
        console.log(text[0])                // 在 Console 中显示提示信息
      },
      radioChange:function(e){              //radio 组件事件函数
        this.setData({
          myFontSize:e.detail.value,        // 将 radio 的 value 值赋值给绑定变量 myFontSize
        })
        console.log(e.detail.value)         // 在 Console 中显示提示信息
      }
    })
```

4.3.4 相关知识

本案例主要使用了 radio 单选项目组件和 checkbox 多选项目组件。

1. radio 组件必须和 radio-group 单项选择器组件一起使用，radio-group 内部由多个 radio 组成。radio 和 radio-group 组件属性如表 4.4 所示。

表 4.4 radio 和 radio-group 组件属性说明

组件	属性	类型	默认值	必填	说明
radio	value	string		否	radio 标识。当该 radio 选中时，radio-group 的 change 事件会携带 radio 的 value
	checked	boolean	FALSE	否	当前是否选中
	disabled	boolean	FALSE	否	是否禁用
	color	string	#09BB07	否	radio 的颜色，同 css 的 color
radio-group	bindchange	eventhandle		否	radio-group 中选中项发生改变时触发 change 事件

2. checkbox 组件必须和 checkbox-group 多项选择器组件一起使用，checkbox-group 内部由多个 checkbox 组成。checkbox 和 checkbox-group 组件说明如表 4.5 所示。

表 4.5 checkbox 和 checkbox-group 组件属性说明

组件	属性	类型	默认值	必填	说明
checkbox	value	string		否	checkbox 标识，选中时触发 checkbox-group 的 change 事件，并携带 checkbox 的 value
	disabled	boolean	FALSE	否	是否禁用
	checked	boolean	FALSE	否	当前是否选中，可用来设置默认选中
	color	string	#09BB07	否	checkbox 的颜色，同 css 的 color
checkbox-group	bindchange	eventhandle		否	checkbox-group 中选中项发生改变时触发 change 事件，detail = {value:[选中的 checkbox 的 value 的数组]}

4.3.5 总结与思考

1. 本案例主要涉及如下知识要点：
（1）radio 组件的使用方法。
（2）checkbox 组件的使用方法。
2. 请思考以下问题：案例中 text 字符串数组中存放的值是什么？

案例 4.4 滑动条和颜色

1　　2

4.4.1 案例描述

编写一个小程序，利用 slider 滑动条组件控制颜色的变化。

4.4.2 实现效果

根据案例描述可以做出如图 4.4 所示的效果。初始界面如图 4.4（a）所示；当滑动滑动条时，颜色块的颜色在不断发生变化，结果如图 4.4（b）所示。

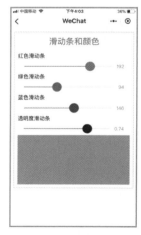

（a）初始界面　　　　　　　　（b）滑动条滑动后的界面

图 4.4　滑动条和颜色案例运行效果

4.4.3 案例实现

1. 编写 wxml 文件中的代码。代码中主要包含了 4 个 slider 组件，每个 slider 组件都给出了 data-color 属性，绑定了同一个事件函数：colorChanging。代码最后给出了一个 view 组件用来显示一个颜色块，颜色块的尺寸利用 .colorArea 样式来设置，颜色块的背景颜色通过 rgba 函数来设置，该函数的 4 个参数进行了数据绑定，从而对颜色块的颜色实现动态调整。

index.wxml 文件：

```
<!--index.wxml-->
<view class='box'>
  <view class='title'>滑动条和颜色</view>
  <!-- slider 滑动条标签 data-color="r" 设置属性 color:'r' 这样设置的属性在触发函数的 e.target.dataset 中 -->
  <!-- value 设置滚动条初始值 max 设置滚动条区间 0~255，bindchanging 拖动过程中触发的事件 colorChanging -->
  <text>红色滑动条</text>
  <slider data-color="r" value='{{r}}' max="255" block-color='red' show-value='true' bindchanging='colorChanging'></slider>
  <text>绿色滑动条</text>
  <slider data-color="g" value='{{g}}' max="255" block-color='green' show-value='true' bindchanging='colorChanging'></slider>
  <text>蓝色滑动条</text>
  <slider data-color="b" value='{{b}}' max="255" block-color='blue' show-value='true' bindchanging='colorChanging'></slider>
  <text>透明度滑动条</text>
  <slider data-color="a" value='{{a}}' max="1" step='0.01' block-color='purple' show-value='true' bindchanging='colorChanging'></slider>
  <view class='colorArea' style="background-color:rgba({{r}},{{g}},{{b}},{{a}});"></view>
</view>
```

2. 编写 index.wxss 文件代码。该文件定义了 .colorArea 样式类。

index.wxss 文件：

```
/**index.wxss**/
.colorArea{
  width:335px;
  height:100px;
}
```

3. 编写 index.js 文件代码。文件首先在 data 中初始化了 index.wxml 文件中 rgba() 函数绑定的 r、g、b、a 四个参数，然后定义了 colorChanging() 函数。

index.js 文件：

```
//index.js
Page({
  data:{
    r:50,
    g:100,
```

```
    b:150,
    a:1
  },
  colorChanging(e){
    let color=e.currentTarget.dataset.color    // 获取slider组件的data-color值
    let value=e.detail.value;                  // 获取slider组件的value值
    console.log(color,value)                   // 在console中显示信息
    this.setData({
      [color]:value                            // 将value值赋值给color数组
    })
  }
})
```

4.4.4 相关知识

本案例涉及 slider 滑动选择器组件、WXML 文件中的 rgb(red,green,blue) 函数和 rgba(red,green,blue,alpha) 函数以及 WXML 中的 data-* 属性。

1. slider 组件。通过滑动该组件来改变滑块位置。表 4.6 是 slider 组件的常用属性说明。

表 4.6 slider 滑动选择器组件常用属性说明

属性	类型	默认值	说明
min	number	0	最小值
max	number	100	最大值
step	number	1	步长，取值必须大于 0，并且可被 (max − min) 整除
disabled	boolean	FALSE	是否禁用
value	number	0	当前取值
activeColor	color	#1aad19	已选择的颜色
backgroundColor	color	#e9e9e9	背景条的颜色
block-size	number	28	滑块的大小，取值范围为 12~28
block-color	color	#ffffff	滑块的颜色
show-value	boolean	FALSE	是否显示当前 value
bindchange	eventhandle		完成一次拖动后触发的事件，event.detail = {value: value}
bindchanging	eventhandle		拖动过程中触发的事件，event.detail = {value: value}

2. WXML 文件中的 rgb(red,green,blue) 函数和 rgba(red,green,blue,alpha) 函数。视图层组件颜色的变化可以通过设置这两个函数中的参数来动态改变，其中 alpha 表示透明度。

3. WXML 中组件的 data-* 属性。data-* 属性用于存储页面或应用程序的私有自定义数据，存储的数据能够在 JavaScript 中利用。data-* 属性包括两部分：

（1）属性名：不应该包含任何大写字母，并且在前缀 "data-" 之后必须有至少一个字符。

（2）属性值：可以是任意字符串。

4.4.5 总结与思考

1. 本案例主要涉及如下知识要点：
（1）slider 滑动选择器的使用方法。
（2）rgba(red,green,blue,alpha) 函数的使用方法。
（3）利用 data-* 属性自定义数据，并获取该数据的方法。
2. 请思考如下问题：利用传统方法如何通过 slider 组件动态改变颜色？

案例 4.5 轮播图和开关选择器

1　　　　2

4.5.1 案例描述

设计一个小程序，通过 switch 组件控制 swiper 组件属性，实现控制轮播图的各种效果。

4.5.2 实现效果

根据案例描述可以做出如图 4.5 所示的效果。

1. 初始界面如图 4.5（a）所示，此时 swiper 组件显示红色，指示点 switch 组件选中，其他 switch 组件没有选中。
2. 自动播放 switch 组件选中后的效果如图 4.5（b）所示，此时 swiper 组件自动播放。
3. 衔接滑动和竖向 switch 组件选中后的效果如图 4.5（c）所示，此时 swiper 组件变成竖向，播放效果为衔接滑动。

  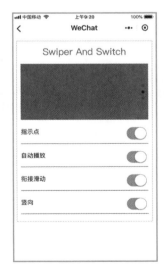

（a）初始界面　　　　　　　　（b）自动播放　　　　　　　（c）竖向轮播图效果

图 4.5　轮播图和开关选择器案例运行效果

4.5.3 案例实现

1. 编写 index.wxml 文件代码。代码中包含了 1 个 swiper 组件和 4 个 switch 组件，在 swiper

组件中设置了 6 个属性：indicator-dots、autoplay、circular、vertical、interval、duration，这些属性的属性值都进行了数据绑定，其中前 4 个属性通过后面的 4 个 switch 组件绑定的事件进行控制。

（1）4 个 switch 组件绑定了 4 个事件函数：changeIndicatorDots、changeAutoplay、changeCircular、changeVertical，这些函数实现了轮播图的指示点、自动播放、衔接滑动和竖向显示的控制，它们在 index.js 文件中进行了定义。

（2）文档代码使用了 5 个样式：.bc-red、.bc-green、.bc-blue、.waikuang、.myLeft，前 3 个样式用来控制 swiper 的背景颜色和大小，后面 2 个样式用来设置 text 和 switch 组件的布局，它们都在 index.wxss 文件中进行了定义。

index.wxml 文件：

```
<!--index.wxml-->
<view class='box'>
  <view class='title'>Swiper And Switch</view>
  <swiper indicator-dots="{{indicatorDots}}" autoplay="{{autoplay}}" circular="{{circular}}" vertical="{{vertical}}" interval="{{interval}}" duration="{{duration}}">
    <block wx:for="{{background}}" wx:key="{{index}}">
      <swiper-item>
        <view class="{{item}}"></view>
      </swiper-item>
    </block>
  </swiper>
  <view class='waikuang'>
    <text class='myLeft'>指示点</text>
    <switch checked='{{indicatorDots}}' bindchange="changeIndicatorDots" />
  </view>
  <view class='waikuang'>
    <text class='myLeft'>自动播放</text>
    <switch checked="{{autoplay}}" bindchange="changeAutoplay" />
  </view>
  <view class='waikuang'>
    <text class='myLeft'>衔接滑动</text>
    <switch checked="{{circular}}" bindchange="changeCircular" />
  </view>
  <view class='waikuang'>
    <text class='myLeft'>竖向</text>
    <switch checked="{{vertical}}" bindchange="changeVertical" />
  </view>
</view>
```

2. 编写 index.js 文件代码。首先在 data 中初始化 swiper 组件绑定的属性，然后定义了 switch 组件绑定的 4 个事件函数。

index.js 文件：

```
//index.js
Page({
  data:{
    background:['bc-red','bc-green','bc-blue'],
    indicatorDots:true,
```

```
      autoplay:false,
      circular:false,
      vertical:false,
      interval:2000,
      duration:500,
    },
    changeIndicatorDots:function(e){
      this.setData({
        indicatorDots:!this.data.indicatorDots   // 改变 swiper 组件指示点的原有设置
      })
    },
    changeAutoplay:function(e){
      this.setData({
        autoplay:!this.data.autoplay   // 改变 swiper 组件自动播放的原有设置
      })
    },
    changeCircular:function(e){
      this.setData({
        circular:!this.data.circular   // 改变 swiper 组件衔接滑动的原有设置
      })
    },
    changeVertical:function(e){
      this.setData({
        vertical:!this.data.vertical   // 改变 swiper 组件的原有方向
      })
    }
  })
```

3. 编写 index.wxss 文件代码。文件中定义了 5 种样式：.bc-red、.bc-green、.bc-blue、.waikuang、.myLeft。

index.wxss 文件：

```
/*index.wxss*/

.bc-red{
  width:100%;
  height:150px;
  background-color:red;
}

.bc-green{
  width:100%;
  height:150px;
  background-color:green;
}

.bc-blue{
  width:100%;
  height:150px;
```

```
    background-color:blue;
}

.waikuang{
    display:flex;
    flex-direction:row;
    border-bottom:1px solid #353535;
    margin:10px 0px;
    padding:10px 0px;
}

.myLeft{
    flex:1;
}
```

4.5.4 相关知识

本案例主要使用了滑块视图容器组件 swiper 和开关选择器组件 switch。

1. swiper 组件。该组件能够实现轮播图的效果，其属性如表 4.7 所示。

表 4.7 滑块视图容器组件 swiper 属性说明

属 性	类 型	默认值	说 明
indicator-dots	boolean	FALSE	是否显示面板指示点
indicator-color	color	rgba(0,0,0,.3)	指示点颜色
indicator-active-color	color	#000000	当前选中的指示点颜色
autoplay	boolean	FALSE	是否自动切换
current	number	0	当前所在滑块的 index
current-item-id	string		当前所在滑块的 item-id，不能与 current 被同时指定
interval	number	5000	自动切换时间间隔
duration	number	500	滑动动画时长
circular	boolean	FALSE	是否采用衔接滑动
vertical	boolean	FALSE	滑动方向是否为纵向
bindchange	eventhandle		current 改变时会触发 change 事件, event.detail = {current: current, source: source}

2. switch 组件。该组件能够实现开关效果，其属性如表 4.8 所示。

表 4.8 开关选择器组件 switch 属性说明

属 性	类 型	默 认 值	说 明
checked	boolean	FALSE	是否选中
disabled	boolean	FALSE	是否禁用
type	string	switch	样式，有效值：switch, checkbox
bindchange	eventhandle		checked 改变时触发 change 事件, event.detail={ value:checked}
color	color		switch 的颜色，同 css 的 color

4.5.5 总结与思考

1. 本案例主要涉及如下知识要点：
（1）swiper 组件的使用方法。
（2）switch 组件的使用方法。
2. 请思考以下问题：如何利用 swiper 组件实现图像的轮播效果？

案例 4.6 个人信息填写

　　　1　　　　　2

4.6.1 案例描述

设计一个小程序，实现个人信息的录入与显示。个人信息包括姓名、性别、籍贯、出生日期、身高、体重等。输入完个人信息后，点击按钮，能够显示录入的个人信息。

4.6.2 实现效果

根据案例描述可以做出如图 4.6 所示的效果。初始界面如图 4.6（a）所示；输入姓名时屏幕底部出现通用文本输入界面；点击"性别"文本时，屏幕底部自动出现如图 4.6（b）所示的普通选择器组件，选择完成后选项出现在性别后面；点击"籍贯"文本时，屏幕底部自动出现如图 4.6（c）所示的省区市选择器组件，选择完成后选项出现在籍贯后面；点击"出生日期"文本时，屏幕底部自动出现如图 4.6（d）所示的日期选择器组件，选择完成后选项出现在出生日期后面；输入身高和体重时，屏幕底部自动出现如图 4.6（e）所示的数字输入界面；点击"显示个人信息"按钮后，刚才输入和选择的信息出现在屏幕下方。

　（a）初始界面　　　　　　　（b）输入性别时的界面　　　　　（c）输入籍贯时的界面

图 4.6　个人信息填写案例运行效果

（d）输入出生日期时的界面　　　（e）输入身高和体重时的界面　　　（f）点击按钮后的界面

图 4.6　个人信息填写案例运行效果（续）

4.6.3　案例实现

1. 编写 index.wxml 文件代码。代码中主要用到了 3 种类型的 picker 选择器组件：普通类型（mode='selector'，这是默认类型，可以不写）、省市区选择器类型（mode='region'）和日期类型（mode='date'）。不同类型选择器的选择值 value 的类型不同，区别见表 4.9 ~ 表 4.13，因此获取不同类型选择器 value 值的方法是不同的。个人信息的显示与否是通过 {{flag}} 绑定变量来实现的。

index.wxml 文件：

```
<!--index.wxml-->
<view class="box">
  <view class='title'>个人信息填写</view>
  <view class='lineLayout'>
    <view>姓名：</view>
    <input placeholder='请输入姓名' bindinput="nameInput"></input>
  </view>
  <picker bindchange="pickerSex" range="{{gender}}">
    <view>性别：{{sex}}</view>
  </picker>
  <picker mode='region' bindchange='pickerRegion'>
    <view>籍贯：{{birthPlace}}</view>
  </picker>
  <picker mode="date" start="1800-01-01" end="2999-12-12" bindchange="pickerDate">
    <view>出生日期：{{birthDay}}</view>
  </picker>
  <view class='lineLayout'>
```

```
        <view>身高 (CM): </view>
        <input type='number' bindinput="heightInput" placeholder='请输入身
高'></input>
    </view>
    <view class='lineLayout'>
        <view>体重 (KG): </view>
        <input type='digit' bindinput="weightInput" placeholder="请输入体重
"></input>
    </view>
    <button type='primary' bindtap="showMessage">显示个人信息</button>

    <view hidden='{{flag}}'>
        <view class="content-item">姓名: {{person.name}}</view>
        <view class="content-item">性别: {{person.sex}}</view>
        <view class="content-item">籍贯: {{person.birthPlace}}</view>
        <view class="content-item">出生日期: {{person.birthDay}}</view>
        <view class="content-item">身高 (CM): {{person.height}}</view>
        <view class="content-item">体重 (KG): {{person.weight}}</view>
    </view>
</view>
```

2. 编写 index.wxss 文件代码。代码定义了如下样式：.lineLayout、input 和 picker,button。

（1）.lineLayout 样式主要用来实现 view 组件和 input 组件在同一行显示，并实现水平左对齐，垂直居中对齐。同一行显示采用 flex 行布局，justify-content: flex-start 实现水平左对齐，align-items: center 实现垂直居中对齐。

（2）input 样式主要用来设置 input 组件的宽度、高度、边框和外间距。

（3）picker,button 样式主要用来设置这两种组件的外边距。

index.wxss 文件：

```
/*index.wxss*/
.lineLayout{
    display:flex;
    flex-direction:row;
    justify-content:flex-start;/* 弹性盒子元素在主轴（横轴）方向上的对齐方式 */
    align-items:center;  /* 定义 flex 子项在 flex 容器当前行侧轴（纵轴）方向上的对齐方式 */
}
input{                  /* 设置 input 组件样式 */
    height:30px;
    border-bottom:2px solid silver;
    margin:10rpx 0;
}
picker,button{          /* 设置 picker 和 button 组件样式 */
    margin:15px 0;
}
```

3. 编写 index.js 文件代码。代码首先定义了构造函数 Person，然后在 data 中初始化了 2 个变量，并编写了姓名输入框事件函数 nameInput、性别选择器事件函数 pickerSex、省区市选择器事件函数pickerRegion、日期选择器事件函数pickerDate、身高输入框事件函数heightInput、体重输入框事件函数weightInput和点击按钮显示个人信息的事件函数showMessage。

index.js 文件：

```
/*index.js*/
function Person(name,sex,birthPlace,birthDay,height,weight)
{// 定义构造函数
  this.name=name;                         // 将函数参数赋值给对象属性
  this.sex=sex;
  this.birthPlace=birthPlace;
  this.birthDay=birthDay;
  this.height=height;
  this.weight=weight;
}
Page({
  data:{                                  // 初始数据
    flag:true,                            // 个人信息显示标记，开始不显示
    gender:["男","女"]
  },
  nameInput:function(e){                  // 姓名input组件输入事件函数
    this.name=e.detail.value              // 获取input组件value值
  },
  pickerSex:function(e){                  // 性别picker组件事件函数
    this.sex=this.data.gender[e.detail.value]  // 获取性别
    this.setData({
      sex:this.sex  // 选择完成后在视图层picker组件后面显示性别
    })
  },
  pickerRegion:function(e){               // 地区picker组件事件函数
    this.birthPlace=e.detail.value;       // 获取籍贯
    this.setData({
      birthPlace:this.birthPlace          // 选择完成后在视图层picker组件后面显示籍贯
    })
  },
  pickerDate:function(e){                 // 日期picker组件事件函数
    this.birthDay=e.detail.value          // 获取生日
    this.setData({
      birthDay:this.birthDay              // 选择完成后在视图层picker组件后面显示生日
    })
  },
  heightInput:function(e){                // 身高input组件输入事件函数
    this.height=e.detail.value            // 获取身高
  },
  weightInput:function(e){                // 体重input组件输入事件函数
    this.weight=e.detail.value            // 获取体重
  },
  showMessage:function(e){                //button组件事件函数
```

```
        var p=new Person(this.name,this.sex,this.birthPlace,this.birthDay,this.height,this.weight)
        this.setData({
            flag:false,          //设置显示
            person:p             //利用构造函数创建对象
        })
    }
})
```

4.6.4 相关知识

本案例主要涉及 picker 选择器组件、JavaScript 中自定义构造函数、创建和使用对象的方法。

1. picker 组件是从屏幕底部弹起的滚动选择器,现支持 5 种类型的选择器,通过 mode 来区分,分别是:普通选择器、多列选择器、时间选择器、日期选择器、省市区选择器,默认的是普通选择器。各种类型 picker 组件的属性说明如表 4.9 ~ 表 4.13 所示。

表 4.9 普通选择器(mode =selector)的属性说明

属性	类型	默认值	说明
range	array / object array	[]	mode 为 selector 或 multiSelector 时,range 有效
range-key	string		当 range 是一个 object array 时,通过 range-key 来指定 Object 中 key 的值作为选择器显示内容
value	number	0	value 的值表示选择了 range 中的第几个(下标从 0 开始)
bindchange	eventHandle		value 改变时触发 change 事件,event.detail = {value: value}

表 4.10 多列选择器(mode = multiSelector)的属性说明

属性	类型	默认值	说明
range	二维 array / 二维 object array	[]	mode 为 selector 或 multiSelector 时,range 有效。二维数组,长度表示多少列,数组的每项表示每列的数据,如 [["a","b"],["c","d"]]
range-key	string		当 range 是一个 二维 object array 时,通过 range-key 来指定 Object 中 key 的值作为选择器显示内容
value	array	[]	value 每一项的值表示选择了 range 对应项中的第几个(下标从 0 开始)
bindchange	eventhandle		value 改变时触发 change 事件,event.detail = {value: value}
bindcolumnchange	eventhandle		某一列的值改变时触发 columnchange 事件,event.detail = {column: column, value: value},column 的值表示改变了第几列(下标从 0 开始),value 的值表示变更值的下标

表 4.11 时间选择器（mode = time）的属性说明

属性	类型	默认值	说明
value	string		表示选中的时间，格式为 "hh:mm"
start	string		表示有效时间范围的开始，字符串格式为 "hh:mm"
end	string		表示有效时间范围的结束，字符串格式为 "hh:mm"
bindchange	eventhandle		value 改变时触发 change 事件，event.detail = {value: value}

表 4.12 日期选择器（mode = date）的属性说明

属性	类型	默认值	说明
value	string	0	表示选中的日期，格式为 "YYYY-MM-DD"
start	string		表示有效日期范围的开始，字符串格式为 "YYYY-MM-DD"
end	string		表示有效日期范围的结束，字符串格式为 "YYYY-MM-DD"
fields	string	day	有效值 year,month,day，表示选择器的粒度
bindchange	eventhandle		value 改变时触发 change 事件，event.detail = {value: value}

表 4.13 省市区选择器（mode = region）的属性说明

属性	类型	默认值	说明
value	array	[]	表示选中的省市区，默认选中每一列的第一个值
custom-item	string		可为每一列的顶部添加一个自定义的项
bindchange	eventhandle		value 改变时触发 change 事件，event.detail = {value: value, code: code, postcode: postcode}，其中字段 code 是统计用区划代码，postcode 是邮政编码

2. JavaScript 中自定义构造函数的定义方法。自定义构造函数也是一个普通函数，创建方式和普通函数一样，但构造函数习惯上首字母大写。

3. JavaScript 中利用自定义构造函数创建对象的方法。利用自定义构造函数创建对象的方法和利用 JavaScript 内置构造函数创建对象的方法一样，都是通过 new 关键字来创建。

```
var 对象实例名 =new 自定义构造函数名（实参1,实参2,…）
```

4.6.5 总结与思考

1. 本案例主要涉及如下知识要点：
（1）自定义构造函数的定义方法。
（2）利用自定义构造函数创建对象的方法。
（3）picker 选择器组件的使用方法。

第 4 章 小程序组件

（4）利用 flex 布局实现水平方向和垂直方向对齐的方法。
2. 请思考以下问题：本案例中，如果不使用构造函数，如何显示个人信息？

案例 4.7 图片显示模式

4.7.1 案例描述
设计一个小程序，演示不同模式下图片的显示效果。

4.7.2 实现效果
根据案例描述可以做出如图 4.7 所示的效果。通过滚动小程序屏幕，能够显示 13 种不同模式下图片的显示效果，图 4.7 所示是其中的 6 种模式下图片的显示效果。

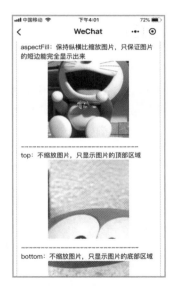
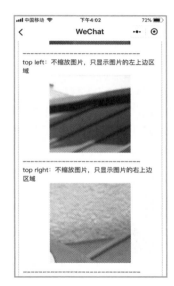

图 4.7 图片显示模式案例运行效果

4.7.3 案例实现

1. 编写 index.wxml 文件代码。代码利用 wx:for 将图片的各种模式显示出来，其中 {{item.text}} 为绑定的图片说明文字，{{item.mode}} 为绑定的图片显示模式。代码中使用了 imgLayout 样式设置图片布局，使用 image 样式设置图片样式。

index.wxml 文件：

```
<!--index.wxml-->
<view class='box'>
  <view class='title'>图片展示</view>
  <view wx:for="{{imgArray}}">
    <view>{{item.text}}</view>
    <view class="imgLayout">
```

· 109 ·

```
      <image src="{{src}}" mode="{{item.mode}}"></image>
    </view>
    ----------------------------
  </view>
</view>
```

2. 编写 index.wxss 文件代码。代码定义了 .imgLayout 和 image 两种样式。
index.wxss 文件：

```
/*index.wxss*/
.imgLayout{
  text-align:center;
  margin:5px 0;
}
image{
  width:200px;
  height:200px;
  background-color:#eee;
}
```

3. 编写 index.js 文件代码。代码在 data 中初始化 index.wxml 文件中绑定的数据 src 和 imgArray，imgArray 是一个对象数组，每个对象元素具有 2 个属性：mode 和 text，mode 指定图片的显示模式，text 是对图片显示模式的说明。
index.js 文件：

```
//index.js
Page({
  data:{
    src:'../image/testImage.png',         // 图片路径
    imgArray:[{                           // 图片显示模式及文字说明数组
      mode:'aspectFit',
      text:'aspectFit: 保持纵横比缩放图片，使图片完整地显示出来'
    },{
      mode:'scaleToFill',
      text:'scaleToFill: 不保持纵横比缩放图片，使图片拉伸适应'
    },{
      mode:'aspectFill',
      text:'aspectFill: 保持纵横比缩放图片，只保证图片的短边能完全显示出来'
    },{
      mode:'top',
      text:'top: 不缩放图片，只显示图片的顶部区域'
    },{
      mode:'bottom',
      text:'bottom: 不缩放图片，只显示图片的底部区域'
    },{
      mode:'center',
      text:'center: 不缩放图片，只显示图片的中间区域'
    },{
```

```
            mode:'left',
            text:'left: 不缩放图片,只显示图片的左边区域'
        },{
            mode:'right',
            text:'right: 不缩放图片,只显示图片的右边区域'
        },{
            mode:'top left',
            text:'top left: 不缩放图片,只显示图片的左上边区域'
        },{
            mode:'top right',
            text:'top right: 不缩放图片,只显示图片的右上边区域'
        },{
            mode:'bottom left',
            text:'bottom left: 不缩放图片,只显示图片的左下边区域'
        },{
            mode:'bottom right',
            text:'bottom right: 不缩放图片,只显示图片的右下边区域'
        }]
    }
})
```

4.7.4 相关知识

本案例主要演示了 image 图片组件在不同模式下的显示效果。image 组件支持 JPG、PNG、SVG 格式,2.3.0 起支持云文件 ID。其主要属性如表 4.14 所示。

表 4.14 image 组件主要属性

属 性	类 型	默 认 值	必 填	说 明
src	string		否	图片资源地址
mode	string	scaleToFill	否	图片裁剪、缩放的模式

mode 的合法值包括 4 种缩放模式和 9 种裁剪模式,如表 4.15 所示。

表 4.15 mode 的合法值

模 式	值	说 明
缩放	scaleToFill	不保持纵横比缩放图片,使图片的宽高完全拉伸至填满 image 元素
缩放	aspectFit	保持纵横比缩放图片,使图片的长边能完全显示出来。也就是说,可以完整地将图片显示出来
缩放	aspectFill	保持纵横比缩放图片,只保证图片的短边能完全显示出来。也就是说,图片通常只在水平或垂直方向是完整的,另一个方向将会发生截取
缩放	widthFix	宽度不变,高度自动变化,保持原图宽高比不变
裁剪	top	不缩放图片,只显示图片的顶部区域

续上表

模 式	值	说 明
裁剪	bottom	不缩放图片，只显示图片的底部区域
裁剪	center	不缩放图片，只显示图片的中间区域
裁剪	left	不缩放图片，只显示图片的左边区域
裁剪	right	不缩放图片，只显示图片的右边区域
裁剪	top left	不缩放图片，只显示图片的左上边区域
裁剪	top right	不缩放图片，只显示图片的右上边区域
裁剪	bottom left	不缩放图片，只显示图片的左下边区域
裁剪	bottom right	不缩放图片，只显示图片的右下边区域

4.7.5 总结与思考

1. 本案例主要演示了不同 mode 值时图片的显示效果。
2. 请思考如下问题：哪几种图片显示模式能保持图片的纵横比？

案例 4.8 音频演示

4.8.1 案例描述

设计一个小程序，演示音频的播放、暂停播放、设置当前播放时间和从头开始播放等效果。

4.8.2 实现效果

根据案例描述可以做出如图 4.8 所示的效果。页面中包含了音频组件和播放、暂停、设置当前时间为 14 秒、回到开头 4 个按钮，点击某个按钮将执行相应的操作。

4.8.3 案例实现

1. 编写 index.wxml 文件代码。代码主要包含了 audio 组件和 4 个 button 组件，4 个 button 组件绑定了 4 个点击事件函数，用来实现音频播放、暂停、设置当前播放时间和回到开头播放的效果。代码中使用了 btnLayout 样式设置 button 组件的布局，使用 button 样式设置 button 组件的样式。

index.wxml 文件：

图 4.8 音频演示案例运行效果

```
<!--index.wxml-->
<view class='box'>
  <view class='title'>音频展示</view>
```

```
<audio poster="{{poster}}" name="{{name}}" author="{{author}}" src=
"{{src}}" id="myAudio" controls loop></audio>
  <view class="btnLayout">
    <button bindtap="audioPlay"> 播放 </button>
    <button bindtap="audioPause"> 暂停 </button>
    <button bindtap="audio14"> 设置当前播放时间为 14 秒 </button>
    <button bindtap="audioStart"> 回到开头 </button>
  </view>
</view>
```

2. 编写 index.wxss 文件代码。代码定义了 2 个样式：button 和 .btnLayout。
index.wxss 文件：

```
/*index.wxss*/
button{
  margin-top:50rpx;
  width:500rpx;
}
.btnLayout{
  margin-top:50rpx;
  display:flex;
  flex-direction:column;
  align-items:center;/* 沿交叉轴方向居中对齐 */
}
```

3. 编写 index.js 文件代码。代码在 data 中初始化了 index.wxml 中绑定的 4 个数据：poster、name、author 和 src，在 onLoad() 函数中利用 API 函数 wx.createAudioContext() 创建了音频上下文对象 audioCtx，然后利用 audioCtx 调用相应音频控制函数实现了 4 个按钮点击事件。
index.js 文件：

```
//index.js
Page({
  data:{
    poster:'http://y.gtimg.cn/music/photo_new/T002R300x300M000003rsKF44GyaSk.jpg?max_age=2592000',            // 音频封面的图片资源地址
    name:' 歌曲名 ',
    author:' 歌手名 ',
    src:'http://ws.stream.qqmusic.qq.com/M500001VfvsJ21xFqb.mp3?guid=ffffffff82def4af4b12b3cd9337d5e7&uin=346897220&vkey=6292F51E1E384E06DCBDC9AB7C49FD713D632D313AC4858BACB8DDD29067D3C601481D36E62053BF8DFEAF74C0A5CCFADD6471160CAF3E6A&fromtag=46',
  },
  audioPlay:function(){
    this.audioCtx.play()            // 播放音频
  },
  audioPause:function(){
    this.audioCtx.pause()            // 暂停播放
```

```
    },
    audio14:function(){
      this.audioCtx.seek(14)     // 播放位置移动到14s
    },
    audioStart:function(){
      this.audioCtx.seek(0)      // 播放位置移动到开始
    },
    onLoad:function(options){
      // 页面初始化 options为页面跳转所带来的参数
      this.audioCtx=wx.createAudioContext('myAudio')  // 创建音频上下文
    }
})
```

4.8.4 相关知识

本案例主要涉及利用 API 函数创建音频上下文的方法、利用音频上下文控制音频播放的方法和 audio 音频组件的使用方法。

1. API 函数 AudioContext wx.createAudioContext(string id, Object this) 可用于创建音频上下文，参数 id 是 audio 组件的 id，this 是指在自定义组件下，当前组件实例的 this，以操作组件内的 audio 组件。返回值 AudioContext 表示音频上下文对象。音频上下文对象可以设置音频地址和控制音频播放等，其函数说明如表 4.16 所示。

表 4.16　音频上下文对象 AudioContext 的函数说明

方　　法	说　　明
AudioContext.setSrc(string src)	设置音频地址
AudioContext.play()	播放音频
AudioContext.pause()	暂停音频
AudioContext.seek(number position)	跳转到指定位置

2. audio 组件主要用于创建音频上下文、指定音频源、设置音频外观和触发音频事件等，其主要属性如表 4.17 所示。

表 4.17　audio 组件常用属性

属性	类型	默认值	说　　明
id	string		audio 组件的唯一标识符
src	string		要播放音频的资源地址
loop	boolean	FALSE	是否循环播放
controls	boolean	FALSE	是否显示默认控件
poster	string		默认控件上的音频封面的图片资源地址，如果 controls 属性值为 false 则设置 poster 无效

续上表

属性	类型	默认值	说明
name	string	未知音频	默认控件上的音频名字，如果 controls 属性值为 false 则设置 name 无效
author	string	未知作者	默认控件上的作者名字，如果 controls 属性值为 false 则设置 author 无效
binderror	eventhandle		当发生错误时触发 error 事件，detail = {errMsg: MediaError.code}
bindplay	eventhandle		当开始/继续播放时触发 play 事件
bindpause	eventhandle		当暂停播放时触发 pause 事件
bindtimeupdate	eventhandle		当播放进度改变时触发 timeupdate 事件，detail = {currentTime, duration}
bindended	eventhandle		当播放到末尾时触发 ended 事件

4.8.5 总结与思考

1. 本案例主要涉及如下知识要点：
（1）利用 audio 组件创建音频上下文的方法。
（2）利用音频上下文实现播放音频、暂停播放、设置播放时间及从头开始播放音频的方法。
2. 请思考以下问题：不使用 audio 组件，能否采用其他方法创建音频上下文？

案例 4.9 视频演示

4.9.1 案例描述

设计一小程序，实现播放视频、选择播放的视频和发送随机变化颜色的弹幕等功能。

4.9.2 实现效果

根据案例描述可以做出如图 4.9 所示的效果。

1. 初始界面如图 4.9（a）所示，页面中包含了视频组件、输入弹幕文本的输入框组件和发送弹幕按钮组件，开始时视频没有播放。

2. 当点击视频组件时，视频开始播放，此时能够看到视频上面出现不同颜色的弹幕文本，如图 4.9（b）所示。

3. 当在输入框中输入文本并点击"发送弹幕"按钮时，弹幕将被发送到视频上，如图 4.9（c）所示，弹幕文本的颜色也是随机产生的。

4.9.3 案例实现

1. 编写 index.wxml 文件代码。

（1）代码中主要包含了播放视频的 video 组件、输入弹幕内容的 input 组件和发送弹幕的 button 组件。video 组件的 src 属性采用网络地址，指定的 id 属性用于在逻辑层中创建视频上下文，danmu-list、enable-danmu、danmu-btn 属性分别用于设置弹幕内容、使弹幕生效和出现弹幕控制按钮，controls 用于显示视频播放控件。

（a）初始界面　　　　　　　　（b）播放视频界面　　　　　　　（c）发送弹幕界面

图 4.9　视频演示案例运行效果

（2）代码中使用了 3 种样式：page、input 和 .videoLayout。page 用于设置页面样式，input 用于设置 input 组件样式，videoLayout 用于设置 video 组件布局。

index.wxml 文件：

```
<!--index.wxml-->
<view class='box'>
  <view class='title'>视频展示</view>
  <view class="videoLayout">
<video id="myVideo"
src="http://wxsnsdy.tc.qq.com/105/20210/snsdyvideodownload?filekey=3028
0201010421301f0201690402534804102ca905ce620b1241b726bc41dcff44e0020401288
2540400&bizid=1023&hy=SH&fileparam=302c02010104253023020 4136ffd93020457e3c
4ff02024ef202031e8d7f02030f42400204045a320a0201000400"
       danmu-list="{{danmuList}}" enable-danmu danmu-btn controls>
    </video>
  </view>
  <view>
    <view class="view">弹幕内容</view>
    <input bindblur="inputBlur" type="text" placeholder="在此处输入弹幕内容" />
    <button type="primary" bindtap="sendDanmu">发送弹幕</button>
  </view>
</view>
```

2. 编写 index.wxss 文件代码。代码定义了 3 种样式：page、input 和 .videoLayout。index.wxss 文件：

```
/*index.wxss*/
page{
  background-color:lightgray;
}
```

```
input{
  height:80rpx;
  background-color:white;
  border:1px solid blanchedalmond;
  margin:10px 0;
}
.videoLayout{
  margin:50rpx 0;
  display:flex;
  flex-direction:column;
  align-items:center;
}
```

3. 编写 index.js 文件代码。

（1）代码中定义了全局函数 getRandomColor() 用于获取一种随机颜色，该颜色将用于设置弹幕文本的颜色。

（2）在 data 中初始化了 index.wxml 文件中绑定的弹幕文本数组 danmuList，其中包含了 2 个对象元素，每个对象元素的 text 属性表示发送的弹幕文本，color 属性表示弹幕文本的颜色，time 表示弹幕发送的时间。

（3）输入框失去焦点事件函数 inputBlur()。函数通过 this.inputValue = e.detail.value 获取 input 组件的 value 值，并赋值给对象属性 inputValue（可以在其他函数中访问）。

（4）生命周期函数 onLoad()。在函数中通过调用 API 函数 wx.createVideoContext('myVideo') 创建 video 组件的视频上下文对象 this.videoCtx。this 表示本类的对象，this.videoCtx 表示 videoCtx 是本类的一个属性，可以在本类的其他函数中使用。

（5）发送弹幕按钮事件函数 sendDanmu()。函数直接利用 this.videoCtx 调用 sendDanmu() 函数发送弹幕。

index.js 文件：

```
//index.js
function getRandomColor(){          // 获取随机颜色函数
  let rgb=[]                        //定义存放 RGB 三种颜色值分量的数组
  for(let i=0;i<3;++i){             // 创建 3 个 2 位十六进制随机数（1 种随机颜色）
    let color=Math.floor(Math.random()*256).toString(16)
                                    // 产生 0~255 之间的十六进制随机数
    color=color.length==1?'0'+color:color  // 将 1 位十六进制数变为 2 位
    rgb.push(color)                 // 将 2 位十六进制随机数加入数组
  }
  return '#'+rgb.join('')           // 将 3 个数组元素连接成颜色值字符串并返回
}
Page({
  data:{
    danmuList:[{
      text:'第 1s 出现的弹幕',
      color:'#ff0000',
      time:1
    },
```

```
        {
          text:'第 3s 出现的弹幕',
          color:'#ff00ff',
          time:3
        }
      ]
    },
    onLoad:function(options){
      this.videoCtx=wx.createVideoContext('myVideo')    //创建视频上下文
    },
    inputBlur:function(e){                  //input 组件失去焦点事件函数
      this.inputValue=e.detail.value        //获取输入框中的数据
    },
    sendDanmu:function(){                   //button 组件点击事件函数
      this.videoCtx.sendDanmu({             //发送弹幕
        text:this.inputValue,               //弹幕文本
        color:getRandomColor()              //弹幕文本颜色
      })
    }
})
```

4.9.4 相关知识

本案例主要涉及利用 API 函数创建视频上下文对象的方法、视频上下文对象的使用方法、video 视频组件的使用方法以及创建随机颜色的方法等。

1. 利用 API 函数创建视频上下文对象的方法。可以利用 API 函数 VideoContext wx.createVideoContext(string id, Object this) 创建 video 上下文 VideoContext 对象。参数 string id 为 video 组件的 id，Object this 为在自定义组件下，当前组件实例的 this，以操作组件内的 video 组件，返回值 VideoContext 为视频上下文对象。

2. 视频上下文对象 VideoContext 主要用于控制音频播放、发送弹幕、设置视频外观等，其主要方法如表 4.18 所示。

表 4.18 视频上下文对象 VideoContext 的方法说明

方 法	说 明
play()	播放视频
pause()	暂停视频
stop()	停止视频
seek(number position)	跳转到指定位置
sendDanmu(Object data)	发送弹幕
playbackRate(number rate)	设置倍速播放
requestFullScreen(Object object)	进入全屏
exitFullScreen()	退出全屏
showStatusBar()	显示状态栏，仅在 iOS 全屏下有效
hideStatusBar()	隐藏状态栏，仅在 iOS 全屏下有效

3. API 函数 VideoContext.sendDanmu(Object data) 的使用方法。该函数用于发送弹幕，参数 Object data 表示弹幕内容，其属性如表 4.19 所示。

表 4.19　API 函数 VideoContext.sendDanmu(Object data) 的参数属性

属　性	类　型	必　填	说　明
text	string	是	弹幕文字
color	string	否	弹幕颜色

4. video 视频组件。主要用于创建视频上下文对象、设置视频源、控制视频播放、设置视频外观等，其主要属性如表 4.20 所示。

表 4.20　video 组件常用属性

属　性	类　型	默 认 值	说　明
src	string		要播放视频的资源地址
duration	number		指定视频时长
controls	boolean	TRUE	是否显示默认播放控件（播放/暂停按钮、播放进度、时间）
danmu-list	object array		弹幕列表
danmu-btn	boolean	FALSE	是否显示弹幕按钮，只在初始化时有效，不能动态变更
enable-danmu	boolean	FALSE	是否展示弹幕，只在初始化时有效，不能动态变更
autoplay	boolean	FALSE	是否自动播放
loop	boolean	FALSE	是否循环播放
muted	boolean	FALSE	是否静音播放
initial-time	number		指定视频初始播放位置

5. 创建随机颜色的方法。颜色是由红、绿、蓝（即 RGB）三种颜色构成，#RRGGBB 是颜色值，其中每种颜色值都在 00～FF（即 0～255）之间，如果每种颜色在 0～255 之间取一个随机数，就可以生成一种随机颜色。利用代码：Math.floor(Math.random() * 256).toString(16) 就可以生成 00～FF 之间的一个随机数。如果生成 3 个这样的随机数，然后再与 # 连接，就可以生成一种随机颜色。

4.9.5　总结与思考

1. 本案例主要涉及如下知识要点：

（1）利用 API 函数和 video 视频组件创建视频上下文对象的方法。

（2）利用视频上下文对象控制视频播放和发送弹幕的方法。

（3）创建随机颜色的方法和技巧。

2. 请思考以下问题：本案例创建随机颜色的方法与"案例 2.14　自动随机变化的三色旗"中创建随机颜色的方法有何区别？

微信小程序开发案例教程（慕课版）

1　　　2

3　　　4

案例 4.10　考试场次选择

4.10.1　案例描述

编写一个考生选择考试场次的小程序，考生首先利用邮箱和密码登录，输入自己的姓名和学号后选择考试场次。考生登录时需要进行邮箱和密码认证，如果某项输入为空，或者邮箱填写不正确，或者输入的密码和确认密码不一致，将给出错误提示并要求重新填写。

4.10.2　实现效果

根据案例描述可以做出如图 4.10 所示的效果。

1. 在没有输入邮箱或密码情况下点击"登录"按钮，则会出现如图 4.10（a）所示的界面，此时界面下方给出了"邮箱或密码不得为空！"的提示。

2. 输入邮箱地址时，邮箱地址 input 组件的边框颜色发生变化，如果邮箱格式输入不正确，则在输入完成之后会出现如图 4.10（b）所示的界面，此时显示"邮箱格式错误"的信息框提示。

3. 输入密码时，如果 2 次输入的密码不一致，点击"登录"按钮后会给出"两次输入密码不一致！"的提示，如图 4.10（c）所示。

4. 如果邮箱和密码都输入正确，点击"登录"按钮后将进入"考试时段选择"界面，此时姓名 input 组件将自动获得焦点，输完姓名和学号后，当点击"请选择考试时段："文本时，在屏幕下方弹出三个场次的时间段，如图 4.10（d）所示。

5. 所有信息输入和选择完成后点击"确定"按钮，此时将弹出"确认信息"对话框，如图 4.10（e）所示，如果信息无误点击"确定"按钮，此时出现图 4.10（f）所示的"信息确认"对话框，如果信息不正确点击"取消"按钮可以重新填写。

（a）邮箱或密码为空提示　　（b）邮箱格式不正确提示　　（c）两次密码不一致提示

图 4.10　考试场次选择案例运行效果

（d）选择考试时段界面　　　　　（e）确认信息界面提示　　　　　（f）信息确认完成提示

图 4.10　考试场次选择案例运行效果（续）

4.10.3　案例实现

1. 编写 index.wxml 文件代码。

（1）首先利用 image 组件在页面上面放置一张图片，然后在下面放置一个 form 组件，form 组件采用 scaleToFill 缩放模式，让图片缩放充满整个 image 组件区域。

（2）在 form 组件中利用 text 组件和 input 组件实现电子邮箱、密码和确认密码的输入提示及输入，后面放置 1 个 button 登录按钮实现 form 组件的提交事件，按钮后面放置了 2 个 view 组件用来显示当邮箱或密码与确认密码不一致时的错误提示。

（3）代码中的事件绑定处理函数有 2 个：form 组件提交事件绑定函数 formSubmit 和 input 组件输入变化事件绑定函数 inputemail，这 2 个函数都在 index.js 文件中进行了定义。

（4）代码中主要使用了 9 种样式：page、image、.hr、.lineLayout、text、input、input:hover、button、.txt。page 样式用来设置整个页面的高度和背景颜色，image 样式用来设置图片的尺寸，.hr 用来设置水平线，.lineLayout 用来设置 text 组件和 input 组件之间的布局，text 样式用来设置 text 组件为左浮动，input 样式用来设置 input 组件的大小、边框和浮动，input:hover 样式用来设置 input 组件获得焦点时的边框样式，button 样式用来设置按钮的宽度和外边距。.txt 样式用来设置页面下方邮箱或密码输入错误时提示文本的格式。

index.wxml 文件：

```
<!--index.wxml-->
<image src="../image/ncut.jpg" mode="scaleToFill"></image>
<view class="box">
  <view class='title'>考试场次选择</view>
  <view class='hr'></view>
  <form bindsubmit="formSubmit">
```

```
        <view class="lineLayout">
            <text> 电子邮箱: </text>
            <input type="text" bindchange="inputemail" name="email" value=
"{{getEmail}}"></input>
        </view>
        <view class="lineLayout">
            <text> 输入密码: </text>
            <input type="password" name="password" value="{{getPwd}}"></input>
        </view>
        <view class="lineLayout">
            <text> 确认密码: </text>
            <input type="password" name="confirm" value="{{getPwdConfirm}}"></input>
        </view>
        <button type='primary' form-type='submit'>登录</button>
        <view>
            <view class="txt">{{showMsg01}}</view>
            <view class='txt'>{{showMsg02}}</view>
        </view>
    </form>
</view>
```

2. 编写 index.wxss 文件代码。该文件定义了 9 种样式：page、image、.hr、.lineLayout、text、input、input:hover、button、.txt。

index.wxss 文件：

```
/*index.wxss*/
page{
  /* 设置页面样式 */
  height:100%;
  background:gainsboro;
}
image{
  /* 设置图片样式 */
  width:100%;
  height:110px;
}
.hr{
  /* 设置水平线样式 */
  height:2px;
  background-color:yellowgreen;
  margin:10px 0;
}
.lineLayout{
  /* 设置 text 和 input 组件布局 */
  display:inline-block;   /* 设置布局模式 */
  margin:10px;
}
```

```
text{
  /* 设置 text 组件样式 */
  float:left;              /* 设置为左浮动 */
}
input{
  /* 设置 input 组件样式 */
  width:180px;
  height:30px;
  border-bottom:2px solid blue;
  float:left;              /* 设置为左浮动 */
}
input:hover{
  /* 设置输入时 input 组件的样式 */
  border-bottom:2px solid chocolate;
}
button{
  /* 设置 button 组件样式 */
  width:150px;
  margin:20px auto;        /* 上下边距 20px，左右边距自动（左右边距相等）*/
}
.txt{
  /* 设置信息提示区文本显示样式 */
  color:red;
  background:yellow;
}
```

3. 编写 index.js 文件代码。代码主要定义了 3 个函数：formSubmit、inputemail 和 checkEmail。

（1）form 组件提交事件函数 formSubmit 函数。当点击 form 组件中的提交按钮后引发该事件。函数首先根据从邮箱和密码输入框中获取的字符串长度 e.detail.value.email.length 和 e.detail.value.password.length 判断输入框中输入的数据是否为空，如果为空给出错误提示，否则再判断密码和确认密码是否一致，如果不一致给出错误提示并清空两个输入框中的内容，如果一致则让页面跳转到 detail 页面。

（2）邮件输入框输入变化函数 inputemail。当输入框中输入的内容发生变化时引发该事件。函数首先获取邮件输入框中输入的值 e.detail.value，然后调用自定义对象函数 this.checkEmail() 判断输入的字符串是否符合邮箱格式要求。

（3）自定义对象函数 checkEmail。首先将正则表达式邮箱验证字符串赋值给变量 str，然后调用字符串的 test 函数来验证在邮箱输入框中输入的字符串 email 是否符合正则表达式的要求，如果符合要求则返回 ture，表示通过验证，否则调用信息框给出错误提示，清空邮件输入框内容并返回 false，表示没有通过验证。

index.js 文件：

```
//index.js
Page({
  data:{
```

```
      getEmail:'',
      getPwd:'',
      getPwdConfirm:''
    },
    formSubmit:function(e){          //提交表单（点击"注册"按钮）事件
      if(e.detail.value.email.length==0||e.detail.value.password.
length==0){                          //判断邮箱和密码输入框内容是否为空
        this.setData({
          showMsg01:'邮箱或密码不得为空！',
        })
      } else if(e.detail.value.password != e.detail.value.confirm){//判
断2次输入密码是否一致
        this.setData({
          showMsg02:'两次输入密码不一致！',
          getPwd:'',                 //清空输入框内容
          getPwdConfirm:''
        })
      } else{
        wx.navigateTo({              //页面跳转
          url:'../detail/detail',
        })
      }
    },
    inputemail:function(e){          //input 组件事件函数
      var email=e.detail.value
      var checkedNum=this.checkEmail(email)
    },
    checkEmail:function(email){ //自定义函数，检查输入的邮箱地址是否满足要求
      let str=/^[a-zA-Z0-9_.-]+@[a-zA-Z0-9-]+(\.[a-zA-Z0-9-]+)*\.[a-zA-Z0-9]
{2,6}$///正则表达式
      if(str.test(email)){           //检查邮箱地址是否符合正则表达式要求
        return true
      }else{
        wx.showToast({               //显示消息提示框
          title:'邮箱格式错误',
          icon:'loading'
        })
        this.setData({
          getEmail:''
        })
        return false
      }
    }
  })
```

4. 在 pages 文件夹中创建 detail 文件夹，在其中添加 4 个文件，然后编写 detail.wxml 文件代码。该页面的主要功能是：用户输入姓名和学号，并选择考试时段。页面主要利用 form

组件、input 组件和 picker 组件来实现相应的功能，为了获取 form 容器中各个组件的 value 值，各个组件必须提供 name 属性。此外，input 组件的 auto-focus 属性能够使该组件自动获得焦点。

（1）文件代码绑定的事件处理函数包括：form 组件提交事件函数 formSubmit 和 picker 组件选择变化事件函数 chooseTime。这 2 个函数在 detail.js 文件中进行了定义。

（2）文件代码中使用的样式包括：page、.flex、input、input:hover、picker、.btnLayout 和 button。这些样式在 detail.wxss 文件中进行了定义。

detail.wxml 文件：

```
<!--detail.wxml-->
<view class="box">
  <view class='title'>考试时段选择</view>
  <form bindsubmit="formSubmit">
    <view class="flex">
      <text>姓名：</text>
      <input type="text" auto-focus name="name" value="{{name}}"></input>
    </view>
    <view class="flex">
      <text>学号：</text>
      <input type="number" name="id" value="{{id}}"></input>
    </view>
    <picker bindchange="chooseTime" value="{{index}}" range="{{array}}" name="time">请选择考试时段：{{array[index]}}
    </picker>
    <view class="btnLayout">
      <button type='primary' form-type='submit'>确定</button>
      <button type='primary'>取消</button>
    </view>
  </form>
</view>
```

5. 编写 detail.wxss 文件代码。本文件定义了 7 种样式：page、.flex、input、input:hover、picker、.btnLayout 和 button。这些样式的定义与 index.wxss 文件中定义的样式类似，这里就不再赘述。

detail.wxss 文件：

```
/*detail.wxss*/
page{
  /* 设置页面样式 */
  height:100%;
  background:gainsboro;
}
.flex{
  /* 设置 text 组件和 input 组件的布局 */
  display:flex;
```

```css
    margin:5px 0;
    justify-content:flex-start;        /* 设置水平方向左对齐 */
    align-items:center;                /* 设置垂直方向居中对齐 */
}
input{
    /* 设置 input 组件样式 */
    width:150px;
    height:30px;
    border:2px solid gray;             /* 设置 input 组件边框样式 */
    margin:5px;
}
input:hover{
    /* 设置输入时 input 组件边框样式 */
    border:2px solid chocolate;
}
picker{
    /* 设置 picker 组件样式 */
    margin:10px;
    padding-top:10px;
    padding-bottom:10px;
}
.btnLayout{
    /* 设置 button 组件布局 */
    display:flex;
    flex-direction:row;
    justify-content:space-around;
    margin:50px 0;
    width:100%;
}
button{
    /* 设置 button 组件样式 */
    width:80px;
}
```

6. 编写 detail.js 文件代码。代码主要初始化了 picker 组件使用的数组 array，定义了 form 组件提交事件函数 formSubmit 和 picker 组件选择变化事件函数 chooseTime。

（1）array 数组初始化。在 data 中初始化了 array 数组。

（2）formSubmit 函数。首先获取 input 组件中输入的姓名、学号以及 picker 组件的选项序号，然后调用 wx.showModal() 模态对话框显示输入和选择的信息并给出确认提示，如果点击"确定"按钮，则调用 wx.showModal() 模态对话框显示确认信息，页面跳转到主页面；如果点击"取消"按钮，则在 console 中显示取消信息。

（3）chooseTime 函数。用于获取选择的考试时间段，利用 e.detail.value 表达式可以获得选项的序号，在视图层根据序号找到相应的时间段。

detail.js 文件：

```
//detail.js
Page({
  data:{
    array:[
      '第一场 15:00',
      '第二场 16:20',
      '第三场 17:40'
    ]
  },
  formSubmit:function(e){
    var name=e.detail.value.name;      // 获取姓名输入框内容
    var id=e.detail.value.id;          // 获取学号输入框内容
    var time=e.detail.value.time;
    wx.showModal({                     // 显示模态对话框
      title:'确认信息',
      content:e.detail.value.name+"同学，你的学号是："+id+"，你选择的场次是："+this.data.array[time]+"，请确认信息！",
      success:function(res){           //wx.showModal 接口调用成功的回调函数
        if(res.confirm){
          wx.showModal({
            title:'信息确认',
            content:'你的考场信息已经确认！',
          })
          wx.navigateTo({              // 页面跳转
            url:'../index/index',
          })
        } else{
          console.log('用户点击取消')
        }
      }
    })
  },

  chooseTime:function(e){
    var index=e.detail.value           // 获得picker组件选项下标
    this.setData({
      index:index
    })
  }
})
```

4.10.4 相关知识

本案例综合运用了 image 组件、form 组件、input 组件、button 组件、picker 组件、利用正则表达式验证邮箱的方法、模态对话框 API 函数 wx.showModal(Object object)、页面跳转 API 函数 wx.navigateTo(Object object)。image 组件、form 组件、input 组件、button 组件、picker 组件在前面已经进行了介绍，这里就不再赘述。

1. 正则表达式。正则表达式由一些普通字符和一些元字符（metacharacters）组成。普通字符包括大小写字母和数字，而元字符则具有特殊的含义。正则表达式常用元字符含义如表 4.21 所示。

表 4.21 正则表达式常用元字符含义

元 字 符	描 述
\	转义字符标识符
^	匹配输入字行首。如果设置了 RegExp 对象的 Multiline 属性，^ 也匹配 "\n" 或 "\r" 之后的位置
$	匹配输入行尾。如果设置了 RegExp 对象的 Multiline 属性，$ 也匹配 "\n" 或 "\r" 之前的位置
*	匹配前面的子表达式任意次。例如，zo* 能匹配 "z"，也能匹配 "zo" 以及 "zoo"。* 等价于 {0,}
+	匹配前面的子表达式一次或多次（大于等于 1 次）
?	匹配前面的子表达式零次或一次。例如，"do(es)?" 可以匹配 "do" 或 "does"。? 等价于 {0,1}
{n}	n 是一个非负整数。匹配确定的 n 次。例如，"o{2}" 不能匹配 "Bob" 中的 "o"，但是能匹配 "food" 中的两个 o
{n,m}	m 和 n 均为非负整数，其中 n<=m。最少匹配 n 次且最多匹配 m 次
[a-z]	字符范围。匹配指定范围内的任意字符。例如，"[a-z]" 可以匹配 "a" 到 "z" 范围内的任意小写字母字符。注意：只有连字符在字符组内部时，并且出现在两个字符之间时，才能表示字符的范围；如果出现在字符组的开头，则只能表示连字符本身
[^a-z]	负值字符范围。匹配任何不在指定范围内的任意字符。例如，"[^a-z]" 可以匹配任何不在 "a" 到 "z" 范围内的任意字符
\d	匹配一个数字字符。等价于 [0-9]。grep 要加上 -P，perl 正则支持
\D	匹配一个非数字字符。等价于 [^0-9]。grep 要加上 -P，perl 正则支持
\s	匹配任何不可见字符，包括空格、制表符、换页符等。等价于 [\f\n\r\t\v]
\S	匹配任何可见字符。等价于 [^ \f\n\r\t\v]
\w	匹配包括下画线的任何单词字符。类似但不等价于 "[A-Za-z0-9_]"，这里的 "单词" 字符使用 Unicode 字符集
\W	匹配任何非单词字符。等价于 "[^A-Za-z0-9_]"

2. 利用正则表达式验证电子邮箱。如下正则表达式的含义：
/^[a-zA-Z0-9_.-]+@[a-zA-Z0-9-]+(\.[a-zA-Z0-9-]+)*\.[a-zA-Z0-9]{2,6}$/
（1）正则表达式以符号 /^ 开始，以符号 $/ 结束。
（2）@ 之前的表达式 [a-zA-Z0-9_.-]+ 表示字符串必须由 1 个及 1 个以上的大小写字母、数字、下画线、点或横杠组成，+ 号表示前面字符出现次数必须大于或等于 1。
（3）@ 之后的表达式 [a-zA-Z0-9-]+ 表示字符串必须由 1 个及 1 个以上的大小写字母、

（4）(\.[a-zA-Z0-9-]+)* 表示后面字符串第一个字符必须是点，点后面字符串必须由 1 个及 1 个以上的大小写字母、数字或横杠组成。* 表示匹配前面的子表达式任意次。

（5）\.[a-zA-Z0-9]{2,6} 表示最后一个表达式由 2～6 个字母或数字构成。

3. 显示模态对话框的 API 函数 wx.showModal(Object object)。模态对话框与非模态对话框的区别是：模态对话框显示时不能操作该应用程序的其他窗口界面，而非模态对话框显示时可以操作该应用程序的其他窗口界面。显示模态对话框的 API 函数参数属性如表 4.22 所示。

表 4.22　API 函数 wx.showModal(Object object) 的参数属性说明

属　性	类　型	默认值	必　填	说　明
title	string		是	提示的标题
content	string		是	提示的内容
showCancel	boolean	TRUE	否	是否显示"取消"按钮
cancelText	string	'取消'	否	"取消"按钮的文字，最多 4 个字符
cancelColor	string	#000000	否	"取消"按钮的文字颜色，必须是十六进制格式的颜色字符串
confirmText	string	'确定'	否	"确定"按钮的文字，最多 4 个字符
confirmColor	string	#576B95	否	"确定"按钮的文字颜色，必须是十六进制格式的颜色字符串
success	function		否	接口调用成功的回调函数
fail	function		否	接口调用失败的回调函数
complete	function		否	接口调用结束的回调函数（调用成功、失败都会执行）

object.success(Object res) 回调函数的参数 Object res 的属性如表 4.23 所示。

表 4.23　object.success 回调函数参数 Object res 的属性

属　性	类　型	说　明
confirm	boolean	为 TRUE 时，表示用户点击了"确定"按钮
cancel	boolean	为 TRUE 时，表示用户点击了"取消"（用于 Android 系统区分点击蒙层关闭还是点击"取消"按钮关闭）按钮

4. 页面跳转 API 函数 wx.navigateTo(Object object)。保留当前页面，跳转到应用内的某个页面，但是不能跳到 tabBar 页面。使用 wx.navigateBack 可以返回到原页面。小程序中页面栈最多 10 层。参数 Object object 的属性除 success、fail 和 complete 三个回调函数外，还有一个 string 类型的必填属性 url，表示需要跳转的应用内非 tabBar 的页面的路径，路径后可以带参数。

4.10.5 总结与思考

1. 本案例主要涉及如下知识要点:
（1）利用正则表达式验证邮箱的方法。
（2）模态对话框 API 函数 wx.showModal(Object object) 的使用方法。
（3）页面跳转 API 函数 wx.navigateTo(Object object) 的使用方法。
2. 请思考如下问题：如何使用另一种简洁的正则表达式来验证邮箱？

第 5 章 小程序 API

本章概要

本章设计了 20 个案例,演示了小程序 API 函数的各种功能和使用方法。使用的 API 函数包括:系统信息、定时器、路由、界面、数据缓存、媒体、位置、画布、文件等内容。

学习目标

- 了解小程序 API 函数的功能、函数参数和返回值的含义
- 掌握小程序常用 API 函数的使用方法

案例 5.1 变脸游戏

5.1.1 案例描述

设计一个变脸游戏。小程序运行后出现一张脸谱画面，当点击这张脸谱时，画面随机产生另一张脸谱，当摇晃手机时，显示一个消息框，同时画面也随机产生一张脸谱，从而实现变脸功能。

5.1.2 实现效果

根据案例描述可以做出如图 5.1 所示的效果。初始界面如图 5.1（a）所示，当点击图片时，图片会随机产生一张脸谱，如图 5.1（b）所示，当晃动手机时，屏幕上会显示一个消息框，同时随机产生另一张脸谱，如图 5.1（c）所示。

（a）初始界面

（b）点击图片后随机产生的脸谱

（c）晃动手机时随机产生的脸谱

图 5.1 变脸游戏案例运行效果

5.1.3 案例实现

1. 案例素材准备。把案例中用到的所有图片存放到 images 文件夹中，然后把 images 文件夹复制到项目文件夹中。

2. 编写 index.wxml 文件代码。代码主要通过 image 组件呈现了一个脸谱，其 src 属性通过 {{imgArr[index]}} 绑定了图片数组，其 bindtap 属性绑定了点击脸谱图片事件函数 changeFace，其 mode 属性为 widthFix，缩放模式，宽度不变，高度自动变化，保持原图宽高比不变。文件使用 image 样式设置图片的边距。

index.wxml 文件：

```
<!-- index.wxml-->
<view class='box'>
  <view class='title'> 变脸游戏 </view>
  <view>
    <image src="{{imgArr[index]}}" bindtap="changeFace" mode='widthFix'>
</image>
```

```
    </view>
</view>
```

3. 编写 index.wxss 文件代码。文件定义了 image 样式。

index.wxss 文件：

```
/*index.wxss*/
image{
  margin:10px;
}
```

4. 编写 index.js 文件代码。代码定义了全局函数 createRandomIndex()，在 data 中初始化了图片数组下标 index 和图片数组 imgArr，定义了 changFace() 函数和 onShow() 函数。

（1）自定义全局函数 createRandomIndex()。利用 Math.floor(Math.random() * 10) 创建一个 0~9 之间的随机数作为图片数组的下标。

（2）在 data 中初始化 index.wxml 文件中绑定的数组下标 index 和图片数组。index 的初始值为 0，表示小程序运行后首先显示第一张图片，以后根据产生的随机数下标值确定显示哪张图片。

（3）点击图片事件函数 changFace()，点击脸谱图片时调用的函数。该函数直接调用 createRandomIndex() 函数，将产生的随机数赋值给视图层绑定的数组下标 index，从而实现了该下标图片的显示。

（4）生命周期函数 onShow()，当界面显示时调用。在该函数中调用 API 函数 wx.onAccelerometerChange() 和 wx.showToast()。函数 wx.onAccelerometerChange() 用于监听手机加速度的变化（手机晃动）。由于该函数监听手机加速度变化非常灵敏，为了让手机加速度变化达到一定程度时才让脸谱发生变化，这里使用了 if (res.x > 0.5 || res.y > 0.5 || res.z > 0.5) 条件语句进行控制，一旦条件满足，调用 wx.showToast() 函数显示消息框，并调用 changFace() 函数实现变脸。

index.js 文件：

```
//index.js
function createRandomIndex(){                    //定义产生随机数的全局函数
  return Math.floor(Math.random()*10);           //产生0~9之间的随机整数
}
Page({
  data:{
    index:0,                                     //初始化脸谱图片数组下标为0
    imgArr:[                                     //脸谱图片数组
      'images/01.jpg',
      'images/02.jpg',
      'images/03.jpg',
      'images/04.jpg',
      'images/05.jpg',
      'images/06.jpg',
      'images/07.jpg',
```

```
          'images/08.jpg',
          'images/09.jpg',
          'images/10.jpg',
        ],
    },
    changeFace:function(){                          //点击脸谱图片事件函数
      this.setData({
        index:createRandomIndex()                   //调用全局函数产生随机数
      })
    },
    onShow:function(){                              //生命周期函数，界面显示时调用
      var that=this;
      wx.onAccelerometerChange(function(res){       //加速度变化监听函数
        if(res.x>0.5||res.y>0.5||res.z>0.5){        //设置加速度在某个坐标轴方向达到的数值
          wx.showToast({                            //消息提示框函数
            title:' 摇一摇成功 ',                    //消息框标题
            icon:'success',                         //消息框图标
            duration:2000                           //消息框显示的时间
          })
          that.changeFace()                         //调用函数进行变脸
        }
      })
    }
})
```

5.1.4 相关知识

本案例用到了监听加速度变化事件的 API 函数 wx.onAccelerometerChange(function callback) 和消息提示框 API 函数 wx.showToast(Object object)。函数 wx.showToast(Object object) 在前面的案例 4.2 中已经使用过，在此就不再赘述。

1. 函数 wx.onAccelerometerChange(function callback)。用于监听加速度变化事件，其参数 function callback 为加速度变化事件的回调函数，该回调函数的参数 Object res 的属性如表 5.1 所示。监听频率根据函数 wx.startAccelerometer(Object object) 的参数 object.interval 来确定。可使用 wx.stopAccelerometer() 函数停止监听。

表 5.1　函数 wx.onAccelerometerChange(function callback) 的回调函数的参数属性说明

属　　性	类　　型	说　　明
x	number	X 轴
y	number	Y 轴
z	number	Z 轴

2. 函数 wx.startAccelerometer(Object object)。用于开始监听加速度数据，参数 Object object 的属性如表 5.2 所示。

表 5.2　函数 wx.startAccelerometer(Object object) 的参数属性说明

属性	类型	默认值	必填	说明
interval	string	normal	否	监听加速度数据的频率
success	function		否	接口调用成功的回调函数
fail	function		否	接口调用失败的回调函数
complete	function		否	接口调用结束的回调函数（调用成功、失败都会执行）

object.interval 的合法值如表 5.3 所示。

表 5.3　object.interval 的合法值

值	说明
game	适用于更新游戏的回调频率，在 20ms/ 次左右
ui	适用于更新 UI 的回调频率，在 60ms/ 次左右
normal	普通的回调频率，在 200ms/ 次左右

3. 函数 wx.stopAccelerometer(Object object)。用于停止监听加速度数据，参数 Object object 的属性只包括 success、fail 和 complete 三个回调函数。

5.1.5　总结与思考

1. 本案例主要涉及如下知识要点：

（1）API 函数 wx.onAccelerometerChange(function callback) 的使用方法。

（2）API 函数 wx.showToast(Object object) 的使用方法。

2. 请思考以下问题：

（1）如果不限定加速度的值，该案例会出现什么样的运行效果？

（2）如果把自定义全局函数 createRandomIndex() 放在 Page() 函数中进行定义，应该如何修改该函数的定义和调用代码？

案例 5.2　阶乘计算器

5.2.1　案例描述

设计一个求阶乘的小程序，在输入框中输入一个数值并摇晃手机，如果摇晃成功，将显示摇晃手机成功的消息提示框，并显示该数值的阶乘。

5.2.2　实现效果

根据案例描述可以做出如图 5.2 所示的效果。初始界面如图 5.2（a）所示，当在输入框中输入数据时，屏幕下方弹出数字键盘，当输入完数据并摇晃手机后，屏幕中首先弹出消息框，并显示输入数据的阶乘，如图 5.2（b）所示。

（a）初始界面　　　　　　（b）摇晃手机后的计算结果

图 5.2　阶乘计算器案例运行效果

5.2.3　案例实现

1. 编写 index.wxml 文件代码。该文件代码主要包括一个 input 组件和显示计算结果——阶乘的 text 组件。设置 input 组件的 type 属性为 number，用于输入数据时弹出数字键盘，并绑定输入事件处理函数 getInput。text 组件中绑定了阶乘结果数据 {{result}}，用于显示阶乘。代码利用 input 样式来设置 input 组件的样式。

index.wxml 文件：

```
<!-- index.wxml-->
<view class="box">
  <view class='title'>阶乘计算器</view>
  <input type='number' bindinput='getInput' placeholder='请输入要求阶乘的数'></input>
  <text>结果为：{{result}}</text>
</view>
```

2. 编写 index.wxss 文件代码。文件定义了 input 样式类。

index.wxss 文件：

```
/*index.wxss*/
input{
  border:3px solid blue;
  height:40px;
  width:200px;
  margin:20px 0
}
```

3. 编写 index.js 文件代码。代码首先定义 input 组件事件函数 getInput()，用于获取在输入框中输入的数据，然后定义了生命周期函数 onShow() 和 onHide()。

（1） getInput() 函数。用于获取 input 组件的 value 值，并将其赋值给对象属性 inputVal，该属性可以在 Page() 中的其他函数中使用。

（2） onShow() 函数。其中调用了改变加速度的 API 函数 wx.onAccelerometerChange()，由于该函数能够监听加速度在 x、y 和 z 三个方向很小的变化，为了保证能够看清阶乘在某一时刻的值，这里通过 if (e.x > 0.5 || e.y > 0.5 || e.z > 0.5) 代码来控制只有摇晃手机达到一定程度时才计算阶乘。在计算阶乘之前，首先通过 wx.showToast() 代码显示一个消息框，表示摇晃手机成功，然后通过 for 循环计算阶乘，并通过 setData() 函数将计算结果渲染到视图层。

（3） onHide() 函数。界面隐藏时调用，用于给对象属性 isShow 赋值。

index.js 文件：

```
//index.js
Page({
  getInput:function(e){
    this.inputVal=e.detail.value    //定义对象属性并把输入框数据赋值给它
  },
  onShow:function(){                //生命周期函数，小程序界面显示时调用
    var that=this;
    that.isShow=true;               //定义对象属性并赋值
    wx.onAccelerometerChange(function(e){   //调用加速度改变函数
      if(!that.isShow){             //判断小程序界面是否显示
        return
      }
      if(e.x>0.5||e.y>0.5||e.z>0.5){    //判断手机晃动是否达到一定程度
        wx.showToast({              //显示消息框
          title:'摇一摇成功',        //消息框标题
          icon:'success',           //消息框图标
          duration:2000             //消息框存在的时间
        })
        var result=1;
        for(var i=1;i<=that.inputVal;i++){    //计算阶乘
          result=result*i
        }
        that.setData({
          result:result
        })
      }
    })
  },
  onHide:function(){                //屏幕隐藏时调用
    this.isShow=false;
  },
})
```

5.2.4 相关知识

本案例用到了计算阶乘的算法、监听加速度变化事件的 API 函数 wx.onAccelerometerChange(function callback)、消息提示框 API 函数 wx.showToast(Object object)。这些内容在前面的案例 5.1 和案例 2.11 已经讲过，在此就不再赘述。

5.2.5 总结与思考

1. 本案例主要涉及如下知识要点：
（1）摇晃手机（加速度改变）API 函数 wx.onAccelerometerChange() 的使用方法。
（2）对话框 API 函数 wx.showToast() 的使用方法。
（3）阶乘的求解方法。
2. 请思考如下问题：
（1）如果数字键盘还存在时就摇晃手机，会出现什么现象？
（2）如果不对 isShow 变量进行判断，小程序能否正常运行？

案例 5.3 基本绘图

1

2

5.3.1 案例描述

设计一个小程序，实现基本绘图和设置图形样式功能，包括：绘制点、线、圆、矩形、文字等；设置线条粗细、类型、端点样式、连接样式，图形的渐变样式、阴影、透明度等。

5.3.2 实现效果

根据案例描述可以做出如图 5.3 所示的效果。

初始界面和点击"清屏"按钮后的效果如图 5.3（a）所示，画布上没有任何图形。

点击"画点"按钮后的效果如图 5.3（b）所示，画布中出现了一个点。

点击"画圆"按钮后的效果如图 5.3（c）所示，画布中出现一个带有圆心的圆。

点击"画虚线"按钮后的效果如图 5.3（d）所示，画布中出现一个虚线三角形。

点击"端点交点"按钮后的效果如图 5.3（e）所示，画布中出现一个 Z 字形的图形，图形的线条端点显示为半圆形，线条的交点为尖角。

点击"画字"按钮后的效果如图 5.3（f）所示，画布中出现了 3 行文字，第一行文字的 baseline 为 bottom，颜色为红色；第二行文字的 baseline 为 top，颜色为黄色；第三行文字旋转了 30°，颜色为黑色。

点击"圆形渐变"按钮后的效果如图 5.3（g）所示，画布中出现一个圆形渐变的效果，渐变中心为紫色，渐变边缘为白色。

点击"阴影矩形"按钮后的效果如图 5.3（h）所示，画布中出现一个带有黄色阴影的矩形，阴影沿水平向右和垂直向下的方向延伸 50px，模糊度为 50。

点击"半透明"按钮后的效果如图 5.3（i）所示，画布中出现一个半透明的矩形，实际透明度为 0.2。

（a）初始界面和清屏效果

（b）画点效果

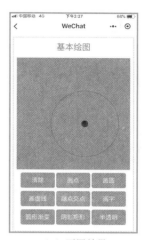
（c）画圆效果

（d）画虚线效果

（e）端点交点效果

（f）画字效果

（g）圆形渐变效果

（h）阴影矩形效果

（i）半透明效果

图 5.3　基本绘图案例运行效果

5.3.3 案例实现

1. 编写 index.wxml 文件代码。代码主要包括 1 个画布和 9 个按钮，画布用来绘制图形，按钮用来执行绘图命令。画布采用 canvas 样式，按钮采用 .btnLayout 布局和 button 外观样式，每个按钮都绑定了相应的事件。

index.wxml 文件：

```xml
<!--index.wxml-->
<view class="box">
  <view class='title'>基本绘图</view>
  <view>
    <canvas canvas-id="myCanvas" class="myCanvas"></canvas>
  </view>

  <view class='btnLayout'>
    <button type='primary' bindtap="clear">清除</button>
    <button type='primary' bindtap="drawDot">画点</button>
    <button type='primary' bindtap="drawCircle">画圆</button>
  </view>

  <view class='btnLayout'>
    <button type='primary' bindtap="drawDash">画虚线</button>
    <button type='primary' bindtap="capAndJoin">端点交点</button>
    <button type='primary' bindtap="drawText">画字</button>
  </view>

  <view class='btnLayout'>
    <button type='primary' bindtap="circularGrad">圆形渐变</button>
    <button type='primary' bindtap="shadowRect">阴影矩形</button>
    <button type='primary' bindtap="translucent">半透明</button>
  </view>
</view>
```

2. 编写 index.wxss 文件代码。本文件定义了 3 种样式：canvas、button 和 .btnLayout。
（1）canvas 样式定义了画布的宽度、高度和背景颜色。
（2）button 样式定义了按钮的宽度
（3）.btnLayout 样式定义了按钮的布局样式。

index.wxss 文件：

```css
/*index.wxss*/
canvas{
  width:100%;
  height:340px;
  background-color:cornflowerblue;
}
button{
  width:100px;
}
.btnLayout{
```

```
        display:flex;
        flex-direction:row;
        margin:10px;
        justify-content:space-around;/* 弹性项目沿主轴方向平均分布，两边留有一半的间
隔空间。*/
    }
```

3. 编写 index.js 文件代码。代码首先创建了画布上下文实例 ctx，通过 ctx 绘制图形和设置绘图样式，然后实现了 9 个按钮对应的事件过程。

（1）画布上下文实例的创建。利用 wx.createCanvasContext(string canvasId, Object this) 创建 canvas 的绘图上下文 CanvasContext 对象。

（2）清屏按钮事件函数 clear。该函数中调用了 draw(boolean reserve, function callback) 函数，将之前在绘图上下文中的描述（路径、变形、样式）画到 canvas 中。参数 reserve 表示本次绘制是否接着上一次绘制，如果 reserve 参数为 false，则在本次调用绘制之前 native 层会先清空画布再继续绘制；若 reserve 参数为 true，则保留当前画布上的内容。参数 callback 表示绘制完成后执行的回调函数。

（3）画点按钮事件函数 drawDot。该函数实际上是通过调用 arc(number x, number y, number r, number sAngle, number eAngle, number counterclockwise) 函数绘制了一个实心圆，参数 x 表示圆心的 x 坐标，参数 y 表示圆心的 y 坐标，参数 r 表示圆的半径，参数 sAngle 表示起始弧度，参数 eAngle 表示终止弧度，参数 counterclockwise 表示弧度的方向是否是逆时针。函数中还调用了 setFillStyle(Color color) 函数设置填充颜色，参数 color 表示填充的颜色，默认颜色为 black。函数中调用 fill() 函数对当前路径中的内容进行填充，默认的填充色为黑色。

（4）画圆按钮事件函数 drawCircle。该函数首先利用上一个函数过程绘制了一个实心圆作为圆心，然后又绘制了一个圆。其中 setStrokeStyle(Color color) 用来设置线条颜色，moveTo(number x, number y) 把路径移动到画布中的指定点，stroke() 用来画出当前路径的边框，默认颜色为黑色。

（5）画虚线事件函数 drawDash。用来绘制 3 条虚线构成 1 个三角形。函数 setLineDash (Array.<number> pattern, number offset) 用来设置虚线样式，参数 pattern 表示一组描述交替绘制线段和间距（坐标空间单位）长度的数字，参数 offset 表示虚线偏移量。绘制完成之后应该恢复线条以前的设置，否则绘制其他图形时将保留线条的设置。

（6）端点焦点按钮事件函数 capAndJoin。函数中通过调用 setLineCap(string lineCap) 设置线条的端点样式，参数 lineCap 表示线条的结束端点样式，参数值如表 5.4 所示。

表 5.4 lineCap 的合法值

值	说 明
butt	向线条的每个末端添加平直的边缘
round	向线条的每个末端添加圆形线帽
square	向线条的每个末端添加正方形线帽

函数中通过调用 setLineJoin(string lineJoin) 设置线条的交点样式，参数 lineJoin 表示线条的结束交点样式，参数值如表 5.5 所示。

表 5.5　lineJoin 的合法值

值	说　明
bevel	斜角
round	圆角
miter	尖角

（7）绘制文本事件函数 drawText。其中函数 setFontSize (number fontSize) 设置文字的字号，setTextBaseline(string textBaseline) 设置文字的基线对齐方式，参数 textBaseline 表示文字的竖直对齐方式，其合法值及值的示意图如图 5.4 所示。

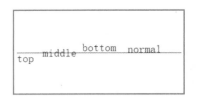

图 5.4　textBaseline 的合法值及示意图

（8）圆形渐变按钮事件函数 circularGrad。首先利用 createCircularGradient(number x, number y, number r) 创建以点 (x,y) 为圆心，以 r 为半径的圆形渐变颜色。然后利用 addColorStop(number stop, Color color) 函数添加颜色的渐变点，参数 stop 表示渐变中开始与结束之间的位置，范围为 0 ~ 1，参数 color 表示渐变点的颜色。

（9）阴影矩形按钮事件函数 shadowRect。本函数中调用了 setShadow(number offsetX, number offsetY, number blur, string color) 函数设置阴影样式，参数 offsetX 表示阴影相对于形状在水平方向的偏移，默认值为 0；参数 offsetY 表示阴影相对于形状在竖直方向的偏移，默认值为 0；参数 blur 表示阴影的模糊级别，数值越大越模糊。范围为 0 ~ 100，默认值为 0；color 表示阴影的颜色，默认值为 black。

（10）半透明按钮事件函数 translucent。本函数调用了 API 函数 setGlobalAlpha (number alpha) 来设置画笔全局透明度，参数 alpha 表示透明度，范围为 0 ~ 1，0 表示完全透明，1 表示完全不透明。

index.js 文件：

```
//index.js
var ctx=wx.createCanvasContext('myCanvas')    //创建画布绘图环境
Page({
  clear:function(){
    ctx.draw()//刷新屏幕,显示绘制效果(无参数或参数为false时要先清除画布)
  },
  drawDot:function(e){
    ctx.arc(200,200,10,0,2*Math.PI)            //绘制圆形
    ctx.setFillStyle('black')                  //设置填充色
    ctx.fill()     //对当前路径中的内容进行填充,默认的填充色为黑色
    ctx.draw()     //刷新屏幕,显示绘制效果(无参数或参数为false时要先清除画布)
  },
  drawCircle:function(){
    ctx.setFillStyle('black')                  //设置填充色
```

```
      ctx.arc(200,200,10,0,2*Math.PI)
      ctx.fill()
      ctx.setStrokeStyle('red')           // 设置描边颜色
      ctx.moveTo(300,200)                 // 把路径移动到画布中的指定点,不创建线条
      ctx.arc(200,200,100,0,2*Math.PI)
                                          // 创建以 (200,200) 为圆心,以 100 为半径的圆
      ctx.stroke()                        // 画出当前路径的边框
      ctx.draw()                          // 刷新屏幕,显示绘制效果
    },
    drawDash:function(){
      ctx.setStrokeStyle('red')
      ctx.setLineDash([20,10])            // 设置虚线样式
      ctx.setLineWidth(10)                // 设置线宽
      ctx.moveTo(50,100)                  // 把路径移动到画布中的指定点
      ctx.lineTo(250,100)                 // 增加一个新点,然后创建一条从上次指定点到目标点的线
      ctx.lineTo(150,300)
      ctx.lineTo(50,100)
      ctx.stroke()                        // 画出当前路径的边框
      ctx.draw()                          // 刷新屏幕,显示绘制效果
      ctx.setLineDash([0,0])              // 恢复默认线条样式
      ctx.setLineWidth(1)                 // 恢复默认线条宽度
    },
    drawText:function(){
      ctx.setFillStyle('red')
      ctx.setFontSize(40)                 // 设置文字大小
      ctx.setTextBaseline('bottom')       // 设置文本基线
      ctx.fillText(' 北方工业大学 ',80,80)    // 在画布上绘制被填充的文本
      ctx.setFillStyle('yellow')
      ctx.setTextBaseline('top')
      ctx.fillText(' 北方工业大学 ',80,80)
      ctx.setFillStyle('black')
      ctx.rotate(30*Math.PI/180)          // 旋转字体
      ctx.fillText(' 北方工业大学 ',150,80)
      ctx.draw()
    },
    circularGrad:function(){
       var grd=ctx.createCircularGradient(175,175,125)// 创建以点 (175,175) 为圆心,
以 125 为半径的圆形渐变
      grd.addColorStop(0,'purple')        // 添加渐变起点
      grd.addColorStop(1,'white')         // 添加渐变终点
      ctx.setFillStyle(grd)               // 设置圆形渐变填充样式
      ctx.fillRect(50,50,250,250)         // 创建起点 (50,50),宽度和高度都为 250 的填充矩形
      ctx.draw()
    },
    shadowRect:function(){
      ctx.setFillStyle('orange')
      ctx.setShadow(20,20,50,'yellow')    // 设置阴影
      ctx.fillRect(50,50,250,250)
      ctx.draw()
    },
    translucent:function(){
```

```
      ctx.setFillStyle('red')
      ctx.setGlobalAlpha(0.2)            // 设置全局透明度
      ctx.fillRect(50,50,250,250)
      ctx.draw()
      ctx.setGlobalAlpha(1)              // 恢复以前设置
    },
    capAndJoin:function(){
      ctx.setStrokeStyle('red')
      ctx.setLineWidth(20)
      ctx.setLineCap('round')            // 设置线条端点样式
      ctx.setLineJoin('miter')           // 设置线条连接样式
      ctx.moveTo(50,50)
      ctx.lineTo(250,50)
      ctx.lineTo(50,250)
      ctx.lineTo(250,250)
      ctx.stroke()
      ctx.draw()
      ctx.setLineWidth(1)                // 恢复默认设置
      ctx.setLineCap('butt')             // 恢复默认设置
      ctx.setLineJoin('mitter')          // 恢复默认设置
    }
})
```

5.3.4 相关知识

本案例主要使用了创建 canvas 绘图上下文对象 CanvasContext 的 API 函数 CanvasContext wx.createCanvasContext(string canvasId, Object this) 以及 CanvasContext 对象的相关属性和函数进行了图形绘制。

1. API 函数 CanvasContext wx.createCanvasContext(string canvasId, Object this)。用于创建 canvas 的绘图上下文 CanvasContext 对象，参数 string canvasId 是指要获取上下文的 canvas 组件，Object this 是指在自定义组件下，当前组件实例的 this，表示在这个自定义组件下查找拥有 canvas-id 的 canvas，如果省略则不在任何自定义组件内查找，返回值为 CanvasContext 对象。

2. CanvasContext 对象用于绘制图形和设置图形样式，其常用属性如表 5.6 所示。

表 5.6 CanvasContext 对象常用属性

属性类型	属性	属性说明
string	fillStyle	填充颜色。用法同 CanvasContext.setFillStyle()
string	strokeStyle	边框颜色。用法同 CanvasContext.setFillStyle()
number	shadowOffsetX	阴影相对于形状在水平方向的偏移
number	shadowOffsetY	阴影相对于形状在竖直方向的偏移
number	shadowColor	阴影的颜色
number	shadowBlur	阴影的模糊级别
number	lineWidth	线条的宽度。用法同 CanvasContext.setLineWidth()
number	lineCap	线条的端点样式。用法同 CanvasContext.setLineCap()
number	lineJoin	线条的交点样式。用法同 CanvasContext.setLineJoin()

续上表

属性类型	属性	属性说明
number	miterLimit	最大斜接长度。用法同 CanvasContext.setMiterLimit()
number	lineDashOffset	虚线偏移量，初始值为 0
string	font	当前字体样式的属性。符合 CSSfont 语法的 DOMString 字符串，至少需要提供字体大小和字体族名。默认值为 10px
number	globalAlpha	全局画笔透明度。范围为 0 ~ 1，0 表示完全透明，1 表示完全不透明
string	globalCompositeOperation	在绘制新形状时应用的合成操作的类型。目前安卓版本只适用于 fill 填充块的合成，用于 stroke 线段的合成效果都是 source-over

3. CanvasContext 对象常用方法如下：

（1）CanvasContext.draw(boolean reserve, function callback)。将之前在绘图上下文中的描述（路径、变形、样式）画到 canvas 中。

（2）CanvasGradient CanvasContext.createLinearGradient(number x0, number y0, number x1, number y1)。创建一个线性的渐变颜色。返回的 CanvasGradient 对象需要使用 CanvasGradient.addColorStop() 来指定渐变点，至少要两个。

（3）CanvasGradient CanvasContext.createCircularGradient(number x, number y, number r)。创建一个圆形的渐变颜色。起点在圆心，终点在圆环。返回的 CanvasGradient 对象需要使用 CanvasGradient.addColorStop() 来指定渐变点，至少要两个。

（4）CanvasContext.createPattern(string image, string repetition)。对指定的图像创建模式的方法，可在指定的方向上重复源图像。

（5）Object CanvasContext.measureText(string text)。测量文本尺寸信息，目前仅返回文本宽度，同步接口。

（6）CanvasContext.save()。保存绘图上下文。

（7）CanvasContext.restore()。恢复之前保存的绘图上下文。

（8）CanvasContext.beginPath()。开始创建一个路径。需要调用 fill 或者 stroke 才会使用路径进行填充或描边在最开始的时候相当于调用了一次 beginPath。同一个路径内的多次 setFillStyle、setStrokeStyle、setLineWidth 等设置，以最后一次设置为准。

（9）CanvasContext.moveTo(number x, number y)。把路径移动到画布中的指定点，不创建线条，用 stroke 方法来画线条。

（10）CanvasContext.lineTo(number x, number y)。增加一个新点，然后创建一条从上次指定点到目标点的线，用 stroke 方法来画线条。

（11）CanvasContext.quadraticCurveTo(number cpx, number cpy, number x, number y)。创建二次贝塞尔曲线路径，曲线的起始点为路径中前一个点。

（12）CanvasContext.bezierCurveTo()。创建三次贝塞尔曲线路径，曲线的起始点为路径中前一个点。

（13）CanvasContext.arc(number x, number y, number r, number sAngle, number eAngle, boolean counterclockwise)。创建一条弧线，创建一个圆可以指定起始弧度为 0，终止弧度为 2 * Math.PI，用 stroke 或者 fill 方法来在 canvas 中画弧线。

（14）CanvasContext.rect(number x, number y, number width, number height)。创建一个矩形路径，需要用 fill 或者 stroke 方法将矩形真正画到 canvas 中。

（15）CanvasContext.arcTo(number x1, number y1, number x2, number y2, number radius)。根据控制点和半径绘制圆弧路径。

（16）CanvasContext.clip()。从原始画布中剪切任意形状和尺寸。一旦剪切了某个区域，则所有之后的绘图都会被限制在被剪切的区域内（不能访问画布上的其他区域）。可以在使用 clip 方法前通过使用 save 方法对当前画布区域进行保存，并在以后的任意时间通过 restore 方法对其进行恢复。

（17）CanvasContext.fillRect(number x, number y, number width, number height)。填充一个矩形，用 setFillStyle 设置矩形的填充色，如果没设置默认是黑色。

（18）CanvasContext.strokeRect(number x, number y, number width, number height)。画一个矩形(非填充)，用 setStrokeStyle 设置矩形线条的颜色，如果没设置默认是黑色。

（19）CanvasContext.clearRect(number x, number y, number width, number height)。清除画布上在该矩形区域内的内容。

（20）CanvasContext.fill()。对当前路径中的内容进行填充，默认的填充色为黑色。

（21）CanvasContext.stroke()。画出当前路径的边框，默认颜色色为黑色。

（22）CanvasContext.closePath()。关闭一个路径，会连接起点和终点。如果关闭路径后没有调用 fill 或者 stroke 并开启了新的路径，那之前的路径将不会被渲染。

（23）CanvasContext.scale(number scaleWidth, number scaleHeight)。在调用后，之后创建的路径其横纵坐标会被缩放，多次调用倍数会相乘。

（24）CanvasContext.rotate(number rotate)。以原点为中心顺时针旋转当前坐标轴，多次调用旋转的角度会叠加，原点可以用 translate 方法修改。

（25）CanvasContext.translate(number x, number y)。对当前坐标系的原点 (0, 0) 进行变换，默认的坐标系原点为页面左上角。

（26）CanvasContext.drawImage(string imageResource, number sx, number sy, number sWidth, number sHeight, number dx, number dy, number dWidth, number dHeight)。绘制图像到画布。

（27）CanvasContext.strokeText(string text, number x, number y, number maxWidth)。给定的 (x, y) 位置绘制文本描边的方法。

（28）CanvasContext.transform(number scaleX, number scaleY, number skewX, number skewY, number translateX, number translateY)。使用矩阵多次叠加当前变换的方法。

（29）CanvasContext.setTransform(number scaleX, number scaleY, number skewX, number skewY, number translateX, number translateY)。使用矩阵重新设置（覆盖）当前变换的方法。

（30）CanvasContext.setFillStyle(Color color)。设置填充色。

（31）CanvasContext.setStrokeStyle(Color color)。设置描边颜色。

（32）CanvasContext.setShadow(number offsetX, number offsetY, number blur, string color)。设置阴影样式。

（33）CanvasContext.setGlobalAlpha(number alpha)。设置全局画笔透明度。

（34）CanvasContext.setLineWidth(number lineWidth)。设置线条的宽度。

（35）CanvasContext.setLineJoin(string lineJoin)。设置线条的交点样式。

（36）CanvasContext.setLineCap(string lineCap)。设置线条的端点样式。

（37）CanvasContext.setLineDash(Array.<number> pattern, number offset)。设置虚线样式。

（38）CanvasContext.setMiterLimit(number miterLimit)。设置最大斜接长度。斜接长度指的是在两条线交汇处内角和外角之间的距离。当 CanvasContext.setLineJoin() 为 miter 时才有效。超过最大倾斜长度的，连接处将以 lineJoin 为 bevel 来显示。

（39）CanvasContext.fillText(string text, number x, number y, number maxWidth)。在画布上绘制被填充的文本。

（40）CanvasContext.setFontSize(number fontSize)。设置文字的字号。

（41）CanvasContext.setTextAlign(string align)。设置文字的对齐方式。

（42）CanvasContext.setTextBaseline(string textBaseline)。设置文字的竖直对齐方式。

5.3.5 总结与思考

1. 本案例主要涉及如下知识要点：

（1）画布的使用方法。
（2）清除屏幕的方法。
（3）图形绘制的基本方法。
（4）设置线条和填充颜色的方法。
（5）圆及圆弧的绘制方法。
（6）线条的绘制方法。
（7）虚线样式及线条宽度的设置方法。
（8）线条端点样式及连接样式的设置方法。
（9）文本的绘制方法。
（10）渐变样式的建立与设置方法。
（11）阴影样式的设置方法。
（12）透明度的设置方法。

2. 请思考如下问题：draw() 函数和 stroke() 函数有什么区别？

案例 5.4　参数绘图

5.4.1 案例描述

参数绘图是指根据用户输入数据作为图形参数变量绘制图形，从而实现交互式绘图。设计一个小程序，通过输入圆的圆心坐标和半径作为参数来绘制一个圆（保留以前绘制的图形）。

5.4.2 实现效果

根据案例描述可以做出如图 5.5 所示的效果。初始界面如图 5.5（a）所示，当在 input 组件中输入数据时，屏幕下方会弹出数字键盘，如图 5.5（b）所示，当在 input 组件输入完成 3 个参数并点击"画圆"按钮后，屏幕上将出现绘制的图形，图 5.5（c）是经过 4 次绘图绘制的同心圆。点击"清空"按钮后，画布中的所有图形将被清除，如图 5.5（a）所示。

  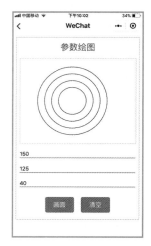

（a）初始和清空界面　　　　　　（b）输入数据界面　　　　　　（c）4 次绘图界面

图 5.5　参数绘图案例运行效果

5.4.3　案例实现

1. 编写 index.wxml 文件代码。代码中主要包含 1 个 canvas 组件和 1 个 form 组件，form 组件中包含 3 个 input 组件和 2 个 button 组件。

（1）form 组件绑定了 submit 事件函数 drawCircle 和 reset 事件函数 clear。drawCircle 函数用于实现根据输入的参数值进行绘图，reset 函数将清空输入的参数值和绘制的图形。

（2）文件中使用了 5 种样式：.style01、.style02、canvas、input 和 button。.style01 用于设置画布的宽度，.style02 用于设置 2 个按钮的布局，canvas 用于设置画布的边框、尺寸和边距，input 用于设置 input 组件的边距和边框，button 用于设置 button 组件的宽度和边距。这些样式将在 index.wxss 文件中进行定义。

index.wxml 文件：

```
<!--index.wxml-->
<view class='box'>
  <view class='title'>参数绘图</view>
  <view class='style01'>
    <canvas canvas-id='myCanvas'></canvas>
  </view>
  <view>
    <form bindsubmit='drawCircle' bindreset='clear'>
      <input name='x' placeholder='请输入圆心 x 坐标'></input>
      <input name='y' placeholder='请输入圆心 y 坐标'></input>
      <input name='radius' placeholder='请输入圆的半径'></input>
      <view class='style02'>
        <button type='primary' form-type='submit'>画圆</button>
        <button type='primary' form-type='reset'>清空</button>
      </view>
    </form>
  </view>
</view>
```

2. 编写 index.wxss 文件代码。该文件主要定义了 5 个样式：.style01、.style02、canvas、input、button。

index.wxss 文件：

```
/*index.wxss*/
.style01{
  width:100%;
}
.style02{
  display:flex;
  flex-direction:row;
  justify-content:center;/* 水平居中对齐 */
  margin-top:20px;
}
canvas{
  border:1px solid springgreen;
  width:100%;
  height:250px;
  margin-bottom:20px;
}
input{
  margin-bottom:20px;
  border-bottom:1px solid rebeccapurple;
}
button{
  width:25%;
  margin:10px;
}
```

3. 编写 index.js 文件代码。代码主要定义了 3 个函数：onLoad、drawCircle 和 clear，在 onLoad 函数中利用 wx.createCanvasContext() 函数创建了绘图上下文对象；drawCircle 函数首先获取 3 个 input 组件中输入的数据，然后利用这些数据作为图形参数进行绘图；在 clear 函数中直接调用 draw() 函数清空 canvas 中的图形。

index.js 文件：

```
//index.js
Page({
  onLoad:function(){
    this.ctx=wx.createCanvasContext('myCanvas',this);        // 创建绘图上下文
  },
  drawCircle:function(e){
    var x=e.detail.value.x;                                  // 获取圆心 x 坐标
    var y=e.detail.value.y;                                  // 获取圆心 y 坐标
    var radius=e.detail.value.radius;                        // 获取圆半径
    this.ctx.arc(x,y,radius,0,2*Math.PI);
    this.ctx.stroke();
    this.ctx.draw(true);                                     // 保留以前图形进行绘图
  },
  clear:function(){
    this.ctx.draw();                                         // 不保留以前图形进行绘图
```

```
    }
})
```

5.4.4 相关知识

本案例主要涉及利用 input 组件输入绘图参数，利用 CanvasContext.draw(boolean reserve, function callback) 函数实现绘图的方法。

draw() 函数用于将之前在绘图上下文中的描述（路径、变形、样式）画到 canvas 中。如果 reserve 为 false，则先清空画布再绘制；否则将保留当前画布上的内容继续绘制，默认值为 false。

5.4.5 总结与思考

1. 本案例主要涉及如下知识要点：
（1）根据输入的图形参数实现图形绘制的方法。
（2）绘制新图时保留以前图形的方法。
2. 请思考如下问题：参数绘图与普通绘图有什么区别？举例说明参数绘图在实际中有什么作用。

案例 5.5 改变图形

5.5.1 案例描述

设计一个小程序，实现对图形的绘制、放大、移动和旋转等功能。

5.5.2 实现效果

根据案例描述可以做出如图 5.6 所示的效果。初始界面如图 5.6（a）所示，分别点击"绘图"、"放大"、"移动"、"旋转"按钮后的结果如图 5.6（b）所示。

（a）初始界面　　　　　　（b）绘图和变形界面

图 5.6　改变图形案例运行效果

5.5.3 案例实现

1. 编写 index.wxml 文件代码。代码主要包括 1 个画布和 4 个按钮，画布是绘图环境，按钮实现绘图和改变图形。

（1）文件使用了 4 种样式：.style01、.style02、canvas、button。.style01 用于设置画布的宽度，.style02 用于设置 4 个按钮的布局，canvas 和 button 分别用于设置 cavas 和 button 组件的样式。

（2）4 个按钮绑定了 4 个事件函数：drawRect、scale、translate、rotate，分别用于图形的绘制、缩放、移动和旋转。

index.wxml 文件：

```
<!--index.wxml-->
<view class='box'>
  <view class='title'>变形</view>
  <view class='style01'>
    <canvas canvas-id='myCanvas'></canvas>
  </view>
  <view class='style02'>
    <button type='primary' bindtap='drawRect'>绘图</button>
    <button type='primary' bindtap='scale'>放大</button>
    <button type='primary' bindtap='translate'>移动</button>
    <button type='primary' bindtap='rotate'>旋转</button>
  </view>
</view>
```

2. 编写 index.wxss 文件代码。文件定义了 4 个样式：.style01、.style02、canvas、button。

index.wxss 文件：

```
/*index.wxss*/
.style01{
  width:100%;
}
.style02{
  display:flex;
  flex-direction:row;
  justify-content:space-between;     // 水平方向间隔对齐
}
canvas{
  border:1px solid springgreen;
  width:100%;
  height:200px;
}
button{
  width:23%;
  margin:10px 0px;                    // 上下间距10px，左右间距0px
}
```

3. 编写 index.js 文件代码。首先在 onReady 函数中创建绘图上下文环境，然后在 drawRect 函数中实现图形绘制，在 scale 函数中实现图形缩放，在 translate 函数中实现图形移动，在 rotate 函数中实现图形旋转。

index.js 文件：

```js
//index.js
Page({
  onReady:function(){
    this.ctx=wx.createCanvasContext('myCanvas',this)    // 创建绘图上下文
  },
  drawRect:function(){
    var ctx=this.ctx;
    ctx.rect(0,0,50,50)                  // 创建一个矩形路径
    ctx.stroke()                         // 画出当前路径的边框。默认颜色为黑色
    ctx.draw(true)// 将之前在绘图上下文中的描述（路径、变形、样式）显示到 canvas 中
  },
  scale:function(){
    this.ctx.scale(2,2)                  // 缩放图形
    this.drawRect()
  },
  translate:function(){
    this.ctx.translate(20,20)            // 移动图形
    this.drawRect()
  },
  rotate:function(){
    this.ctx.rotate(30*Math.PI/180)      // 旋转图形
    this.drawRect()
  }
})
```

5.5.4 相关知识

本案例用到了缩放函数 CanvasContext.scale(number scaleWidth, number scaleHeight)、平移函数 CanvasContext.translate(number x, number y)、旋转函数 CanvasContext.rotate(number rotate)。

1. 函数 CanvasContext.scale(number scaleWidth, number scaleHeight)。在调用后创建的路径，其横纵坐标会被缩放，多次调用倍数会相乘。参数 scaleWidth 是横坐标缩放的倍数 (1 = 100%，0.5 = 50%，2 = 200%)，参数 scaleHeight 是纵坐标缩放的倍数 (1 = 100%，0.5 = 50%，2 = 200%)。

2. 函数 CanvasContext.translate(number x, number y)。通过对当前坐标系的原点 (0, 0) 进行变换实现图形平移，默认的坐标系原点为页面左上角。参数 x 表示水平坐标平移量，y 表示竖直坐标平移量。

3. 函数 CanvasContext.rotate(number rotate)。以原点为中心顺时针旋转当前坐标轴。多次调用旋转的角度会叠加。原点可以用 translate 方法修改。

5.5.5 总结与思考

1. 本案例主要涉及如下知识要点：
（1）图形缩放函数 CanvasContext.scale(number scaleWidth, number scaleHeight) 的使用方法。
（2）图形平移函数 CanvasContext.translate(number x, number y) 的使用方法。
（3）图形旋转函数 CanvasContext.rotate(number rotate) 的使用方法。

2. 请思考以下问题：
（1）图形变换的默认基准点是什么？

（2）如何利用函数 CanvasContext.transform(number scaleX, number scaleY, number skewX, number skewY, number translateX, number translateY) 实现图形综合变换？

案例 5.6 绘制正弦曲线

5.6.1 案例描述
编写一个小程序，实现正弦曲线的绘制。

5.6.2 实现效果
根据案例描述可以做出如图 5.7 所示的效果。案例运行后显示一条正弦曲线。

5.6.3 案例实现
1. 编写 index.wxml 文件代码。代码中只包含了一个画布，并设置画布的 canvas-id 属性用于在 index.js 中创建绘图环境。
index.wxml 文件：

图 5.7　绘制正弦曲线案例运行效果

```
<!--index.wxml-->
<view class="box">
  <view class='title'>绘制正弦曲线</view>
  <view>
    <canvas canvas-id="myCanvas"></canvas>
  </view>
</view>
```

2. 编写 index.js 文件代码。代码主要包括绘图上下文的创建、drawDot() 函数的定义、drawSinX() 函数的定义、onLoad() 函数的定义。

（1）绘图上下文的创建。首先根据 index.wxml 文件中 canvas 组件的 canvas-id 属性，利用 API 函数 wx.createCanvasContext 创建全局绘图上下文环境变量 ctx。

（2）drawDot() 函数的定义。函数绘制以（x,y）为圆心的实心圆，为绘制正弦曲线做准备。

（3）drawSinX() 函数的定义。利用 for 循环：for (var x = 0; x < 2 * Math.PI; x += Math.PI / 180) 对 x 坐标进行循环，在循环体中利用 var y = Math.sin(x) 求出 y 坐标值，并调用画实心圆的函数 this.drawDot(10 + 50 * x, 60 + 50 * y) 实现一系列点的绘制，该函数将正弦曲线的起点坐标移动到（10,60）的位置，并将 x 和 y 坐标值放大了 50 倍。

（4）onLoad() 函数的定义。在 onLoad 函数直接调用 drawSinX 函数实现正弦曲线的绘制。
index.js 文件：

```
//index.js
var ctx=wx.createCanvasContext('myCanvas');
Page({
  drawDot:function(x,y){           // 绘制实心圆点，（x,y）为圆点的圆心坐标
```

```
      ctx.arc(x,y,5,0,2*Math.PI)         // 绘制圆形
      ctx.setFillStyle('black')           // 设置填充样式
      ctx.fill()
      ctx.draw(true)                      // 参数 true 是必需的，是为了保留前面绘制的内容
    },
    drawSinX:function(){                  // 绘制正弦曲线
      for(var x=0;x<2*Math.PI;x+=Math.PI/180){ // 利用 x 坐标循环
        var y=Math.sin(x);                // 根据 x 坐标求 y 坐标值
        this.drawDot(10+50*x,60+50*y);    // 调用绘制实心点函数绘制正弦曲线
      }
    },
    onLoad:function(options){
      this.drawSinX();                    // 调用绘制正弦曲线函数
    },
})
```

5.6.4 相关知识

本案例主要涉及了正弦曲线的绘制方法。正弦曲线是由一系列点组成，每个点由 x 和 y 坐标确定，由于 JavaScript 没有提供画点的预定义函数，因此可以利用 CanvasContext.arc (number x, number y, number r, number sAngle, number eAngle, boolean counterclockwise) 函数绘制实心圆的方法来绘制正弦曲线上的每个坐标点。

正弦曲线一个周期为 $0 \sim 2\pi$，如果要绘制一个周期的正弦曲线，x 坐标范围是 $0 \sim 2\pi$，根据公式 $y=\sin(x)$ 计算出 y 坐标值，这样就可以绘制出正弦曲线。由于 x、y 的值都比较小，绘制出的正弦曲线很难看清，因此要根据屏幕大小乘以相应的数值来放大图形。

此外，如果从坐标原点开始绘制正弦曲线，就不能得到一个完整的图形，可以通过沿 x 和 y 方向增加一个固定值的方法来调整正弦曲线的起点坐标。本案例通过（10+50*x,60+50*y）来调整正弦曲线的绘图位置和放大比例。

5.6.5 总结与思考

1. 本案例主要涉及如下知识要点：
（1）绘制正弦曲线的方法。
（2）控制绘图比例和绘图位置的方法。
2. 请思考如下问题：
（1）根据该案例，如何绘制一条余弦曲线？
（2）根据该案例，如何绘制其他任意类型的曲线？

案例 5.7 自由绘图

1　　2

5.7.1 案例描述

设计一个实现自由绘图的小程序，可以在画布上进行自由绘图，绘图时可以选择笔的粗细和颜色，还可以擦除图形和清空屏幕。

5.7.2 实现效果

根据案例描述可以实现如图 5.8 所示的效果。初始界面如图 5.8（a）所示，此时，画布下面有 6 个按钮，点击不同按钮就可以实现相应的功能。点击"钢笔"按钮时，绘制的线条比较细，点击"毛笔"按钮时，绘制的线条比较粗，点击"红色"按钮时，绘制的线条颜色为红色，点击"蓝色"按钮时绘制的线条颜色为蓝色，点击"擦除"按钮时，就可以以线条的形式擦除绘制的图形，点击"清屏"按钮时，整个屏幕清空，画笔粗细和颜色又恢复到默认值，如图 5.8（b）、（c）所示。此外，当点击某按钮时，该按钮的颜色变为红色。

（a）初始界面　　　　　　　（b）绘图界面　　　　　　　（c）擦除界面

图 5.8　自由绘图案例运行效果

5.7.3 案例实现

1. 编写 index.wxml 文件代码。代码主要包含 canvas 组件和利用 view 组件实现的绘图工具。

（1）画布属性 disable-scroll='true' 是为了当在 canvas 中移动且有绑定手势事件时，禁止屏幕滚动以及下拉刷新。画布绑定了 3 个事件函数：bindtouchstart='touchStart'、bindtouchmove='touchMove'、bindtouchend='touchEnd。

（2）绘图工具区有 3 组 view 组件，每组有 2 个组件，分别是：钢笔和毛笔、红色和蓝色、擦除和清屏。它们都绑定了相应的点击事件函数：bindtap='penSelect'、colorSelect、clear 和 clearAll。

（3）文档使用了 5 种样式：canvas、.toolStyle01、.toolSyle02、.toolSyle、.changeBc。canvas 用于设置 canvas 组件的大小和边框，.toolStyle01 用于设置 3 组 view 组件的位置和布局，.toolStyle02 用于设置每一组 view 组件内部 2 个 view 组件的布局，.toolSyle 用于设置每一个 view 组件的样式和边距，.changeBc 用于设置点击工具组件时组件的背景颜色。

index.wxml 文件：

```
<!--index.wxml-->
<view class='box'>
```

```
<view class='title'>自由绘图</view>
<!--画布区域-->
<view>
  <canvas
    canvas-id='myCanvas'
    disable-scroll='true'
    bindtouchstart='touchStart'
    bindtouchmove='touchMove'
    bindtouchend='touchEnd'>
  </canvas>
</view>
<!—绘图工具区域-->
<view class='toolStyle01'>
  <view class='toolStyle02'>
      <view class='toolStyle' hover-class='changeBc' bindtap='penSelect' data-param='5'>钢笔</view>
      <view class='toolStyle' hover-class='changeBc' bindtap='penSelect' data-param='15'>毛笔</view>
  </view>
  <view class='toolStyle02'>
      <view class='toolStyle' hover-class='changBc' bindtap='colorSelect' data-param='red'>红色</view>
      <view class='toolStyle' hover-class='changeBc' bindtap='colorSelect' data-param='blue'>蓝色</view>
  </view>
  <view class='toolStyle02'>
      <view class='toolStyle' hover-class='changeBc' bindtap='clear'>擦除</view>
      <view class='toolStyle' hover-class='changeBc' bindtap='clearAll'>清屏</view>
  </view>
</view>
```

2. 编写 index.wxss 文件代码。文件定义了 5 种样式：canvas、.toolStyle01、.toolSyle02、.toolSyle、.changeBc。

index.wxss 文件：

```
/*index.wxss*/
canvas{
  /*画布样式*/
  width:100%;
  height:360px;
  border:1px solid springgreen;
}
.toolStyle01{
  /*底部画图工具总体布局*/
  position:absolute;/*生成绝对定位的元素，相对于 static 定位以外的第一个父元素*/
  bottom:10px;/*距离页面底部 10px*/
  display:flex;
  flex-direction:row;
```

```
}
.toolSyle02{
  /* 底部画图工具分组布局 */
  display:flex;
  flex-direction:column;
}
.toolStyle{
  /* 底部画图工具样式 */
  width:60px;
  height:60px;
  border:1px solid #ccc;
  border-radius:50%;/* 边框半径 */
  text-align:center;
  line-height:60px;
  background:green;
  color:#fff;
  margin:10px 20px;
}
.changeBc{
  /* 底部画图工具被点击后的背景颜色 */
  background:#f00;
}
```

3. 编写 index.js 文件代码。该文件主要定义了以下函数：onLoad、touchStart、touchMove、penSelect、colorSelect、clear 和 clearAll。

（1）onLoad 函数用来创建画布绘图环境。

（2）touchStart 函数用来实现手指触碰画布时的事件过程。函数主要把手指触碰点的坐标赋值给初始坐标（x1, y1），并根据擦除和非擦除两种情况设置绘图环境。

（3）touchMove 函数用来实现手指在画布上移动时的事件过程。函数主要实现了在起点和当前点之间画线，并将当前点赋值给起始点，使起始点和当前点坐标不断发生变化，从而实现自由擦除和绘图过程。

（4）penSelect 函数用来实现选择画笔的事件过程。根据 index.wxml 文件中定义画笔时的参数 data-param 设置画笔粗细。

（5）colorSelect 函数实现选择画笔颜色的事件过程。根据 index.wxml 文件中定义画笔颜色时的参数 data-param 设置画笔颜色。

（6）clear 函数实现点击"擦除"按钮时的事件过程。该函数将 isClear 变量设置为 true，表示实现擦除过程。

（7）clearAll 函数实现点击"清屏"按钮时的事件过程。该函数首先恢复画笔和画笔颜色的默认设置，然后调用 draw() 函数实现清屏。

index.js 文件：

```
//index.js
Page({
  data:{
    pen:5,              // 画笔粗细默认值
    color:'#000000'     // 画笔颜色默认值
```

```
    },
    isClear:false,           // 不启用擦除

    onLoad:function(){
        this.ctx=wx.createCanvasContext('myCanvas',this);// 创建画布绘图环境
    },
    touchStart:function(e){                    // 开始触摸屏幕
        this.x1=e.changedTouches[0].x;         // 将开始触摸屏幕点 x 坐标赋值给 x1
        this.y1=e.changedTouches[0].y;         // 将开始触摸屏幕点 y 坐标赋值给 y1
        if(this.isClear){                      // 如果是擦除模式（点击了"擦除"按钮）
            this.ctx.setStrokeStyle('#FFFFFF');// 设置画布颜色为背景颜色（白色）
            this.ctx.setLineCap('round');      // 设置线条端点样式
            this.ctx.setLineJoin('round');     // 设置线条交点样式
            this.ctx.setLineWidth(20);         // 设置线条宽度
            this.ctx.beginPath();              // 开始一个路径
        } else{                    // 如果是绘图模式（默认模式，没有点击"擦除"按钮）
            this.ctx.setStrokeStyle(this.data.color);
            this.ctx.setLineWidth(this.data.pen);
            this.ctx.setLineCap('round');
            this.ctx.beginPath();
        }
    },
    touchMove:function(e){                     // 触摸屏幕后移动
        var x2=e.changedTouches[0].x;          // 将当前点的 x 坐标赋值给 x2
        var y2=e.changedTouches[0].y;          // 将当前点的 y 坐标赋值给 y2
        if(this.isClear){                      // 擦除模式
            this.ctx.save();
            this.ctx.moveTo(this.x1,this.y1);  // 将画笔移动到起点
            this.ctx.lineTo(x2,y2);            // 在起点与当前点之间画线
            this.ctx.stroke();
            this.x1=x2;                        // 将当前点 x 坐标赋值给起点 x 坐标
            this.y1=y2;                        // 将当前点 y 坐标赋值给起点 y 坐标
        } else{                                // 画线模式
            this.ctx.moveTo(this.x1,this.y1);
            this.ctx.lineTo(x2,y2);
            this.ctx.stroke();
            this.x1=x2;
            this.y1=y2;
        }
        this.ctx.draw(true);
    },

    touchEnd:function(){},

    penSelect:function(e){
        this.setData({
            pen:parseInt(e.currentTarget.dataset.param)// 获取视图层组件属性 data-param 的值
        })
        this.isClear=false;
    },
```

```
  colorSelect:function(e){
    console.log(e.currentTarget);
    this.setData({
      color:e.currentTarget.dataset.param     // 获取视图层组件属性data-param的值
    });
    this.isClear=false;
  },

  clear:function(){                            // 擦除图形
    this.isClear=true;
  },

  clearAll:function(){
    this.setData({
      pen:5,                                   // 恢复画笔粗细默认值
      color:'#000000'                          // 恢复画笔颜色默认值
    })
    this.ctx.draw();
  }
})
```

5.7.4 相关知识

本案例主要使用了 TouchEvent.changedTouches 属性和 canvas 组件。

1. TouchEvent.changedTouches 属性是一个 TouchList 对象，包含了代表所有从上一次触摸事件到此次事件过程中，状态发生了改变的触点的 Touch 对象。与 changedTouches 属性相关的还有 touches 和 targetTouches，它们之间的区别是：

- touches：当前屏幕上所有触摸点的列表；
- targetTouches：当前对象上所有触摸点的列表；
- changedTouches：涉及当前（引发）事件的触摸点的列表；

可通过一个例子来区分触摸事件中的这 3 个属性：

（1）用一个手指接触屏幕触发事件，此时这 3 个属性有相同的值。

（2）用第二个手指接触屏幕时，touches 有两个元素，每个手指触摸点为一个值。当两个手指触摸相同元素时，targetTouches 和 touches 的值相同，否则 changedTouches 此时只有一个值，为第二个手指的触摸点，因为第二个手指是引发事件的原因。

（3）用两个手指同时接触屏幕，此时 changedTouches 有两个值，每一个手指的触摸点都有一个值。

（4）手指滑动，3 个值都会发生变化。

（5）一个手指离开屏幕，touches 和 targetTouches 中对应的元素会同时移除，而 changedTouches 仍然会存在元素。

（6）手指都离开屏幕后，touches 和 targetTouches 中将不会再有值，changedTouches 还会有一个值，此值为最后一个离开屏幕的手指的接触点。

2. canvas 画布组件。该组件的属性如表 5.7 所示。

表 5.7 canvas 画布组件属性

属 性	类 型	必填	说 明
type	string	否	指定 canvas 类型，当前仅支持 webgl
canvas-id	string	否	canvas 组件的唯一标识符，若指定了 type 则无须再指定该属性
disable-scroll	boolean	否	当在 canvas 中移动且有绑定手势事件时，禁止屏幕滚动以及下拉刷新
bindtouchstart	eventhandle	否	手指触摸动作开始
bindtouchmove	eventhandle	否	手指触摸后移动
bindtouchend	eventhandle	否	手指触摸动作结束
bindtouchcancel	eventhandle	否	手指触摸动作被打断，如来电提醒、弹窗
bindlongtap	eventhandle	否	手指长按 500ms 之后触发，触发了长按事件后进行移动不会触发屏幕的滚动
binderror	eventhandle	否	当发生错误时触发 error 事件，detail = {errMsg}

5.7.5 总结与思考

1. 本案例主要涉及以下知识要点：

（1）自由绘图的原理及实现方法（重点是起始点坐标与当前点坐标的设置方法）。

（2）在逻辑层获取视图层传递的组件参数的方法（视图层组件利用 data-param 属性设置参数值，逻辑层利用 e.currentTarget.dataset.param 获取参数值）。

（3）手指在 canvas 组件中移动且有绑定手势事件时，禁止屏幕滚动以及下拉刷新的方法。

2. 请思考如下问题：利用组件的 data-* 属性传递参数有什么好处？

案例 5.8 动画

1　　　　2　　　　3

5.8.1 案例描述

设计一个小程序，实现各种动画效果，包括旋转、缩放、移动、倾斜以及动画展示顺序等。

5.8.2 实现效果

根据案例描述，可以实现如图 5.9 所示的效果。初始界面如图 5.9（a）所示，旋转后的效果如图 5.9（b）所示，此时图形发生旋转；缩放后的效果如图 5.9（c）所示，此时图形被放大；移动后的效果如图 5.9（d）所示，此时图形被平移；倾斜后的效果如图 5.9（e）所示，此时图形发生倾斜；旋转并缩放后的效果如图 5.9（f）所示，此时的动画效果是：图形旋转和缩放同时进行；旋转后缩放的效果如图 5.9（g）所示，此时的动画效果是：图形首先被旋转，然后被缩放；同时展示全部效果后的界面如图 5.9（h）所示，此时的动画效果是：旋转、缩放、平移、倾斜几个动画效果同时进行；顺序展示全部动画后的界面如图 5.9（i）所示，此时的动画效果是：旋转、缩放、平移、倾斜几个动画效果依次进行。

(a)初始界面

(b)旋转后的效果

(c)缩放后效果

(d)移动后效果

(e)倾斜后效果

(f)旋转并缩放后效果

(g)旋转后缩放效果

(h)同时展示全部效果

(i)顺序展示全部效果

图 5.9 动画案例运行效果

5.8.3 案例实现

1. 编写 index.wxml 文件代码。界面主要包括动画显示区、动画元素以及实现各种动画效果的按钮组件。动画显示区采用了 .animation-area 样式,动画元素采用 .animation-element 样式,按钮布局采用了 .btn-row1、.btn-row2 和 button 样式。界面中的 9 个按钮绑定了 9 个事件函数,包括:旋转、缩放、移动、倾斜、旋转并缩放、旋转后缩放、同时展示全部、顺序展示全部、还原等动画效果。

index.wxml 文件:

```
<!--index.wxml-->
<view class="box">
  <view class='title'>动画演示</view>
  <view class="animation-area">
    <view class="animation-element" animation="{{animation}}"></view>
  </view>
  <view class='btn-row'>
    <button bindtap="rotate" style='width:24%;'>旋转</button>
    <button bindtap="scale" style='width:24%;'>缩放</button>
    <button bindtap="translate" style='width:24%;'>移动</button>
    <button bindtap="skew" style='width:24%;'>倾斜</button>
  </view>
  <view class='btn-row'>
    <button bindtap="rotateAndScale" style='width:48%;'>旋转并缩放</button>
    <button bindtap="rotateThenScale" style='width:48%;'>旋转后缩放</button>
  </view>
  <view class='btn-row'>
    <button bindtap="all" style='width:48%;'>同时展示全部</button>
    <button bindtap="allInQueue" style='width:48%;'>顺序展示全部</button>
  </view>
  <view >
    <button bindtap="reset" style='width:96%;'>还原</button>
  </view>
</view>
```

2. 编写 index.wxss 文件代码。文件定义了 4 种样式:.animation-area、.animation-element、.btn-row 和 button。

index.wxss 文件:

```
/*index.wxss*/
.animation-area{
  /* 动画区样式 */
  display:flex;
  width:100%;
  padding-top:150rpx;
  padding-bottom:150rpx;
  justify-content:center;
  overflow:hidden;
  background-color:#fff;
```

```
    border:1px solid sandybrown;
    margin-bottom:10px;
}
.animation-element{
    /* 动画元素样式 */
    width:200rpx;
    height:200rpx;
    background-color:#1aad19;
}
.btn-row{
    /* 按钮布局 */
    display:flex;
    flex-direction:row;
    justify-content:space-around;
}
button{
    /* 按钮样式 */
    margin:5px;
}
```

3. 编写 index.js 文件代码。代码首先在 onReady() 生命周期函数中创建了动画实例，然后利用动画实例实现了 9 个按钮绑定事件函数：rotate、scale、translate、skew、rotateAndScale、rotateThenScale、all、allInQueue、reset。

index.js 文件：

```
//index.js
Page({
    onReady:function(){
        this.animation=wx.createAnimation()   //创建动画实例
    },
    rotate:function(){                         //旋转动画
        this.animation.rotate(Math.random()*720-360).step()// 随机旋转 -360° ~ 360°
        this.setData({
            animation:this.animation.export()
        })
    },
    scale:function(){                          //缩放动画
        this.animation.scale(Math.random()*2).step()        // 随机缩放 0 ~ 2 倍
        this.setData({
            animation:this.animation.export()
        })
    },
    translate:function(){              // 平移动画，沿 x 和 y 轴随机移动 -50px ~ 50px
        this.animation.translate(Math.random()*100-50,Math.random()*100-50).step()
        this.setData({
            animation:this.animation.export()
```

```javascript
    })
  },
  skew:function(){                            // 偏斜动画，沿 x 和 y 轴随机倾斜 0°～90°
    this.animation.skew(Math.random()*90,Math.random()*90).step()
    this.setData({
      animation:this.animation.export()
    })
  },
  rotateAndScale:function(){                  // 同步进行旋转和缩放
    this.animation.rotate(Math.random()*720-360)    // 随机旋转 -360°～360°
      .scale(Math.random()*2)                       // 随机缩放 0～2 倍
      .step()                                       // 同步进行旋转和缩放
    this.setData({
      animation:this.animation.export()
    })
  },
  rotateThenScale:function(){                 // 旋转后缩放
    this.animation.rotate(Math.random()*720-360).step()// 先进行旋转
      .scale(Math.random()*2).step()          // 再进行缩放
    this.setData({
      animation:this.animation.export()
    })
  },
  all:function(){                             // 同时展示全部动画
    this.animation.rotate(Math.random()*720-360)
      .scale(Math.random()*2)
      .translate(Math.random()*100-50,Math.random()*100-50)
      .skew(Math.random()*90,Math.random()*90)
      .step()                                 // 同时展示旋转、缩放、移动和倾斜
    this.setData({
      animation:this.animation.export()
    })
  },
  allInQueue:function(){                      // 顺序展示全部动画
    this.animation.rotate(Math.random()*720-360).step()     // 展示旋转
      .scale(Math.random()*2).step()              // 展示缩放
      .translate(Math.random()*100-50,Math.random()*100-50).step()
                                                  // 展示移动
      .skew(Math.random()*90,Math.random()*90).step()       // 展示倾斜
    this.setData({
      animation:this.animation.export()
    })
  },
  reset:function(){                           // 还原动画
    this.animation.rotate(0,0)                // 旋转 0°
      .scale(1)                               // 缩放 1 倍
      .translate(0,0)                         // 沿 x 和 y 坐标轴移动 0px
      .skew(0,0)                              // 沿 x 和 y 坐标轴倾斜 0°
      .step({
```

```
      duration:0
    })
  this.setData({
    animation:this.animation.export()
  })
  }
})
```

5.8.4 相关知识

本案例主要使用了 Animation wx.createAnimation(Object object) 函数创建 Animation 动画对象，并利用 Animation 动画对象的相关函数实现动画效果。

1. Animation wx.createAnimation(Object object) 函数。创建一个动画实例 animation，通过调用实例的方法来描述动画，最后通过动画实例的 export 方法导出动画数据并传递给组件的 animation 属性。参数 Object object 的属性如表 5.8 所示。

表 5.8 函数 wx.createAnimation(Object object) 的参数属性

属　　性	类　　型	默　认　值	必　填	说　　明
duration	number	400	否	动画持续时间，单位 ms
timingFunction	string	linear	否	动画的效果
delay	number	0	否	动画延迟时间，单位 ms
transformOrigin	string	'50% 50% 0'	否	设置旋转元素的基点位置

timingFunction 的合法值如表 5.9 所示。

表 5.9 timingFunction 的合法值

值	说　　明
linear	动画从头到尾的速度是相同的
ease	动画以低速开始，然后加快，在结束前变慢
ease-in	动画以低速开始
ease-in-out	动画以低速开始和结束
ease-out	动画以低速结束
step-start	动画第一帧就跳至结束状态直到结束
step-end	动画一直保持开始状态，最后一帧跳到结束状态

2. Animation 动画对象。该对象包含的方法如表 5.10 所示。

表5.10 Animation 动画对象包含的方法

方法	说明
Array.<Object> export()	导出动画队列。export 方法每次调用后会清掉之前的动画操作
step(Object object)	表示一组动画完成。可以在一组动画中调用任意多个动画方法，一组动画中的所有动画会同时开始，一组动画完成后才会进行下一组动画
matrix()	同 transform-function matrix
matrix3d()	同 transform-function matrix3d
rotate(number angle)	从原点顺时针旋转一个角度
rotate3d(number x, number y, number z, number angle)	在 3D 空间沿一根由 X、Y 和 Z 三个向量确定的固定轴旋转一个角度
rotateX(number angle)	从 X 轴顺时针旋转一个角度
rotateY(number angle)	从 Y 轴顺时针旋转一个角度
rotateZ(number angle)	从 Z 轴顺时针旋转一个角度
scale(number sx, number sy)	沿 2 个方向缩放
scale3d(number sx, number sy, number sz)	沿 3 个方向缩放
scaleX(number scale)	缩放 X 轴
scaleY(number scale)	缩放 Y 轴
scaleZ(number scale)	缩放 Z 轴
skew(number ax, number ay)	对 X、Y 轴坐标进行倾斜
skewX(number angle)	对 X 轴坐标进行倾斜
skewY(number angle)	对 Y 轴坐标进行倾斜
translate(number tx, number ty)	平移变换
translate3d(number tx, number ty, number tz)	对 XYZ 坐标进行平移变换
translateX(number translation)	对 X 轴平移
translateY(number translation)	对 Y 轴平移
translateZ(number translation)	对 Z 轴平移
opacity(number value)	设置透明度
backgroundColor(string value)	设置背景色
width(number|string value)	设置宽度

续上表

方　　法	说　　明
height(number|string value)	设置高度
left(number|string value)	设置 left 值
right(number|string value)	设置 right 值
top(number|string value)	设置 top 值
bottom(number|string value)	设置 bottom 值

5.8.5　总结与思考

1. 本案例主要涉及如下知识要点：

（1）创建 Animation 动画对象函数 Animation wx.createAnimation(Object object) 的使用方法。

（2）利用 Animation 动画对象函数实现各种动画效果的方法。

2. 请思考以下问题：在本案例中，在创建动画实例时，如果设置不同的 duration、timingFunction、delay 和 transformOrigin 参数，动画效果将如何变化？

案例 5.9　照相和摄像

5.9.1　案例描述

设计一个能够进行拍照和摄像的小程序，并显示拍摄的照片和视频。

5.9.2　实现效果

根据案例描述，可以设计如图 5.10 所示运行效果的小程序。

初始界面如图 5.10（a）所示，界面中包含了"获取图片"按钮、image 组件、"获取视频"按钮和 video 组件。

点击"获取图片"按钮后出现了如图 5.10(b)所示的效果，屏幕下方弹出了带有"拍照""从手机相册选择"和"取消"3 个按钮的界面。

"拍照"或"从手机相册选择"照片后的界面如图 5.10（c）所示，此时照片显示在 image 组件中。

点击"获取视频"按钮后出现了如图 5.10(d)所示的效果，屏幕下方弹出了带有"拍摄""从手机相册选择"和"取消"3 个按钮的界面。

选择视频并点击"发送"按钮后，屏幕上弹出一个消息框并显示文件路径，如图 5.10（e）所示，消息框很快消失。

拍摄完成或者从手机中选择视频后的界面如图 5.10(f)所示，此时视频显示在 video 组件中，点击组件中的播放箭头可以播放视频。

（a）初始界面

（b）获取照片时界面

（c）获取照片后的效果

（d）获取视频时界面

（e）选择视频后的界面

（f）获取视频后的效果

图 5.10　照相和摄像案例运行效果

5.9.3　案例实现

1. 编写 index.wxml 文件代码。界面主要包括 2 个 button 组件、1 个 image 组件和 1 个 video 组件。2 个 button 组件分别绑定了选择图片事件函数 chooseimage 和选择视频事件函数 chooseVideo，image 和 video 组件的 src 属性都进行了数据绑定。界面使用了 4 种样式：page、button、video 和 image，page 用于设置整个页面样式，button 用于设置按钮样式，video 用于设置视频样式，image 用于设置图片样式。

index.wxml 文件：

```
<!--index.wxml-->
<view class="box">
  <view class='title'>照相和摄像</view>
  <view>
    <button type='primary' bindtap="chooseimage">获取图片</button>
    <image mode="scaleToFill" src="{{imgPath}}" ></image>
    <button type='primary' bindtap="chooseVideo">获取视频</button>
    <video class="video" src="{{videoPath}}"></video>
  </view>
</view>
```

2. 编写 index.wxss 文件代码。代码定义了 4 种样式：page、button、video、image。index.wxss 文件：

```
/*index.wxss*/
page{
  background-color:#F8F8F8;
  height:100%;
}
button{
  margin:20rpx;
}
video{
  width:100%;
  height:200px;
}
image{
  background-color:gainsboro;
  height:200px;
  width:100%;
}
```

3. 编写 index.js 文件代码。代码主要定义了函数 chooseimage 和 chooseVideo。

（1）函数 chooseimage。在其中通过调用 wx.chooseImage(Object object) 函数进行图片选择。

（2）函数 chooseVideo。在其中通过调用 wx.chooseVideo(Object object) 函数进行视频选择。

index.js 文件：

```
//index.js
Page({
  chooseimage:function(){
    var that=this;
    wx.chooseImage({
      count:1,                              // 默认9
      sizeType:['original','compressed'],
                              // 可以指定是原图还是压缩图，默认二者都有
```

```
            sourceType:['album','camera'],    //可以指定来源是相册还是相机，默认二者都有
            success:function(res){            //返回选定照片的本地文件路径列表，tempFilePaths
可以作为img标签的src属性显示图片
              that.setData({
                imgPath:res.tempFilePaths
              })
            }
          })
        },
        chooseVideo:function(){
          var that=this;
          wx.chooseVideo({
            sourceType:['album','camera'],
            maxDuration:60,
            camera:['front','back'],
            success:function(res){
              wx.showToast({
                title:res.tempFilePath,
                icon:'success',
                duration:2000
              })
              that.setData({
                videoPath:res.tempFilePath
              })
            }
          })
        }
    })
```

5.9.4 相关知识

本案例主要涉及照相和摄像的2个API函数：wx.chooseImage(Object object)和wx.chooseVideo(Object object)。

1. API 函数 wx.chooseImage(Object object)。用于从本地相册选择图片或使用相机拍照，参数是 Object 类型，该参数具有的属性如表 5.11 所示。

表 5.11 函数 wx.chooseImage 对象参数 object 的属性

属　　性	类　　型	默　认　值	必　填	说　　明
count	number	9	否	最多可以选择的图片张数
sizeType	array.<string>	['original', 'compressed']	否	所选的图片的尺寸
sourceType	array.<string>	['album', 'camera']	否	选择图片的来源
success	function		否	接口调用成功的回调函数
fail	function		否	接口调用失败的回调函数
complete	function		否	接口调用结束的回调函数（调用成功、失败都会执行）

其中，sizeType 和 sourceType 的合法值如表 5.12 所示。

表 5.12　sizeType 和 sourceType 的合法值

sizeType 的合法值		sourceType 的合法值	
值	说　明	值	说　明
original	原图	album	从相册选图
compressed	压缩图	camera	使用相机

success 回调函数的参数 Object res 的属性如表 5.13 所示。

表 5.13　success 回调函数对象类型参数 res 的属性

属　性	类　型	说　明
tempFilePaths	array.<string>	图片的本地临时文件路径列表
tempFiles	array.<object>	图片的本地临时文件列表

其中，tempFiles 对象数组元素包含的属性如表 5.14 所示。

表 5.14　tempFiles 对象数组元素包含的属性

属　性	类　型	说　明
path	string	本地临时文件路径
size	number	本地临时文件大小，单位 B

2. API 函数 wx.chooseVideo(Object object)。用于拍摄视频或从手机相册中选视频，其参数也是 Object 类型，该参数具有的属性如表 5.15 所示。

表 5.15　wx.chooseVideo(Object object) 函数参数 object 的属性

属　性	类　型	默　认　值	必　填	说　明
sourceType	array.<string>	['album', 'camera']	否	视频选择的来源
compressed	boolean	TRUE	否	是否压缩所选择的视频文件
maxDuration	number	60	否	拍摄视频最长拍摄时间，单位秒
camera	string	back	否	默认拉起的是前置或者后置摄像头。部分 Android 手机下由于系统 ROM 不支持无法生效
success	function		否	接口调用成功的回调函数
fail	function		否	接口调用失败的回调函数
complete	function		否	接口调用结束的回调函数（调用成功、失败都会执行）

其中，sourceType 和 camera 的合法值如表 5.16 所示。

表 5.16 sourceType 和 camera 的合法值

sourceType 的合法值		camera 的合法值	
值	说明	值	说明
album	从相册选择视频	back	默认拉起后置摄像头
camera	使用相机拍摄视频	front	默认拉起前置摄像头

object.success 回调函数对象类型参数 res 的属性如表 5.17 所示。

表 5.17 success 回调函数对象类型参数 res 的属性

属性	类型	说明
tempFilePath	string	选定视频的临时文件路径
duration	number	选定视频的时间长度
size	number	选定视频的数据量大小
height	number	返回选定视频的高度
width	number	返回选定视频的宽度

5.9.5 总结与思考

1．本案例主要涉及如下知识要点：

（1）API 方法 wx.chooseImage(Object object) 的使用方法。

（2）API 方法 wx.chooseVideo(Object object) 的使用方法。

2．请思考如下问题：

（1）函数 wx.chooseImage(Object object) 的参数属性 object.sizeType 和 object.sourceType 分别表示什么？

（2）函数 wx.chooseVideo(Object object) 的参数属性 object.success(Object res) 的参数属性 res.tempFilePath、res.duration 和 res.size 分别表示什么？

案例 5.10 位置和地图

5.10.1 案例描述

设计一个小程序，利用 map 组件和相应的 API 函数实现选择位置和打开位置的功能。

5.10.2 实现效果

根据案例描述，可以设计如图 5.11 所示运行效果的小程序。

初始界面如图 5.11(a) 所示，此时显示以初始给定的 latitude 和 longitude 的值为中心的地图，地图中有 2 个 marker 标记点图标，其中 1 个标记点图标位置有蓝色字体黄色底纹的标签"我的位置"，字体大小为 20px。

点击"选择位置"按钮后出现的界面效果如图 5.11（b）所示，此时地图下方出现了很多地址名称，选择某个地址后，地图标记点会移动到该地址，当点击屏幕右上角的"确定"按钮后，界面返回到如图 5.11（a）所示的初始界面。

当点击初始界面上的"打开位置"按钮后，界面出现如图 5.11（c）所示的效果，此时地图的显示比例较大，并显示手机所在位置。

当点击图 5.11（c）右下角的绿色实心圆图标时，界面切换到如图 5.11（d）所示的效果，当点击某个屏幕下方弹出的某个按钮时，小程序将执行相应的操作。

（a）初始界面

（b）选择位置界面

（c）打开位置界面

（d）显示路线界面

图 5.11　位置和地图案例运行效果

5.10.3 案例实现

1. 编写 index.wxml 文件代码。文件主要包含了 map 组件和 2 个用于选择位置和打开位置的 button 组件。map 组件的属性含义前面已经介绍，2 个 button 组件都绑定了相应的事件函数。文件主要使用了 map 样式和 .btnLayout 样式，map 样式用于设置 map 组件的外边距，.btnLayout 样式用于设置 2 个按钮的布局。

index.wxml 文件：

```
<!--index.wxml-->
<view class="box">
  <view class='title'>位置和地图</view>
  <view>
    <map id="myMap" latitude="{{latitude}}" longitude="{{longitude}}" markers="{{markers}}" show-location></map>
  </view>
  <view class='btnLayout'>
    <button bindtap="chooseLocation" type="primary">选择位置</button>
    <button bindtap="openLocation" type="primary">打开位置</button>
  </view>
</view>
```

2. 编写 index.wxss 文件代码。该文件定义了 2 个样式：map 和 .btnLayout。

index.wxss 文件：

```
/*index.wxss*/
map{
  margin:10px 0px;
  width:100%;
  height:320px;
}
.btnLayout{
  display:flex;
  flex-direction:row;
  justify-content:center;
}
```

3. 编写 index.js 文件代码。首先在 data 中初始化 map 组件绑定的属性值，然后定义了 chooseLocation 函数和 openLocation 函数。在 openLocation 函数中首先调用 wx.getLocation 函数获取位置，然后打开获取的位置。

index.js 文件：

```
//index.js
Page({
  data:{
    latitude:39.93111,                      //纬度
    longitude:116.199167,                   //经度
    markers:[{
```

```
      id:1,
      latitude:39.93111,
      longitude:116.199167,
      iconPath:'../image/location.png',        // 标记点图标
      label:{                                   // 标记点标签
        content:'我的位置',                      // 标记点文本
        color:'#0000FF',                         // 标记点文本颜色
        bgColor:'#FFFF00',                       // 标记点文本背景颜色
        fontSize:20
      }
    },{
      latitude:39.92528,
      longitude:116.20111,
      iconPath:'../image/location.png'         // 标记点图标
    }]
  },
  chooseLocation:function(){
    wx.chooseLocation({                         // 选择位置
      success:function(res){
        console.log(res)
      },
    })
  },
  openLocation:function(){
    wx.getLocation({                            // 获取位置
      type:'gcj02',
      success:function(res){
        wx.openLocation({                       // 打开位置
          latitude:res.latitude,
          longitude:res.longitude,
          scale:28,
        })
      },
    })
  }
})
```

5.10.4 相关知识

本案例使用了 map 地图组件和相应的位置 API 函数：wx.getLocation(Object object)、wx.chooseLocation(Object object) 和 wx.openLocation(Object object)。地图中的颜色值 color/borderColor/bgColor 等需使用 6 位（或 8 位）十六进制表示，8 位时后两位表示 alpha 值，如：#000000AA。

1. map 组件。该组件的主要属性如表 5.18 所示。

表 5.18　map 组件的主要属性

属　性	类　型	默 认 值	说　明
longitude	number		中心经度
latitude	number		中心纬度
scale	number	16	缩放级别，取值范围为 5～18
markers	array		标记点
polyline	array		路线
polygons	array		多边形
circles	array		圆
controls	array		控件（即将废弃，建议使用 cover-view 代替）
include-points	array		缩放视野以包含所有给定的坐标点
show-location	boolean		显示带有方向的当前定位点

表 5.18 中的 markers 属性用于在地图上显示标记的位置，是数组类型，每个数组元素是一个对象，每个对象的主要属性说明如表 5.19 所示。

表 5.19　markers 对象数组元素主要属性说明

属　性	说　明	类　型	必　填	备　注
id	标记点 id	number	否	marker 点击事件回调会返回此 id。建议为每个 marker 设置上 number 类型 id，保证更新 marker 时有更好的性能
latitude	纬度	number	是	浮点数，范围为 -90～90
longitude	经度	number	是	浮点数，范围为 -180～180
title	标注点名	string	否	
iconPath	显示的图标	string	是	项目目录下的图片路径
width	标注图标宽度	number / string	否	默认为图片实际宽度，单位 px（2.4.0 起支持 rpx）
height	标注图标高度	number / string	否	默认为图片实际高度，单位 px（2.4.0 起支持 rpx）
label	为标记点旁边增加标签	object	否	可识别换行符

2. API 函数 wx.getLocation(Object object)。用于获取当前的地理位置、速度，调用前需要用户在 app.json 文件中授权 scope.userLocation。该函数的 Object 类型参数 object 的属性说明如表 5.20 所示。

表 5.20 API 函数 wx.getLocation(Object object) 参数主要属性说明

属　性	类　型	默 认 值	必　填	说　　明
type	string	wgs84	否	wgs84 返回 gps 坐标，gcj02 返回可用于 wx.openLocation 的坐标
altitude	string	FALSE	否	传入 true 会返回高度信息，由于获取高度需要较高精确度，会减慢接口返回速度
success	function		否	接口调用成功的回调函数
fail	function		否	接口调用失败的回调函数
complete	function		否	接口调用结束的回调函数（调用成功、失败都会执行）

表 5.20 中 object.success 回调函数参数 Object res 属性说明如表 5.21 所示。

表 5.21 object.success 回调函数参数 Object res 主要属性说明

属　性	类　型	说　　明
latitude	number	纬度，范围为 -90~90，负数表示南纬
longitude	number	经度，范围为 -180~180，负数表示西经
speed	number	速度，单位 m/s
accuracy	number	位置的精确度
altitude	number	高度，单位 m
verticalAccuracy	number	垂直精度，单位 m（Android 无法获取，返回 0）
horizontalAccuracy	number	水平精度，单位 m

3．API 函数 wx.chooseLocation(Object object)。用于打开地图选择位置，其参数属性说明如表 5.22 所示。

表 5.22 函数 wx.chooseLocation(Object object) 的参数主要属性说明

属　性	类　型	默 认 值	必　填	说　　明
success	function		否	接口调用成功的回调函数
fail	function		否	接口调用失败的回调函数
complete	function		否	接口调用结束的回调函数（调用成功、失败都会执行）

4．API 函数 wx.openLocation(Object object)。用于使用微信内置地图查看位置，其参数属性说明如表 5.23 所示。

表 5.23 函数 wx.openLocation(Object object) 的参数主要属性说明

属　　性	类　　型	默 认 值	必　　填	说　　明
latitude	number		是	纬度，范围为 −90~90，负数表示南纬。使用 gcj02 国测局坐标系
longitude	number		是	经度，范围为 −180~180，负数表示西经。使用 gcj02 国测局坐标系
scale	number	18	否	缩放比例，范围为 5~18
name	string		否	位置名
address	string		否	地址的详细说明
success	function		否	接口调用成功的回调函数
fail	function		否	接口调用失败的回调函数
complete	function		否	接口调用结束的回调函数（调用成功、失败都会执行）

5.10.5　总结和思考

1. 本案例主要涉及如下知识要点：
（1）map 组件的使用方法。
（2）函数 wx.getLocation(Object object) 的使用方法。
（3）函数 wx.chooseLocation(Object object) 的使用方法。
（4）函数 wx.openLocation(Object object) 的使用方法。
2. 请思考以下问题：通过什么方法才能让微信小程序允许用户使用位置信息？

案例 5.11　文件操作

1　　　　2

5.11.1　案例描述

设计一个小程序，实现对文件的操作，包括打开文件、保存文件、删除文件以及显示文件信息等内容。

5.11.2　实现效果

根据案例描述，可以设计如图 5.12 所示运行效果的小程序。初始界面如图 5.12（a）所示，点击"打开文件"按钮后，可以直接拍照，也可以从相册中选择照片，最后拍摄的照片或选择的照片从屏幕上显示出来，并且在按钮下面显示"文件打开成功"的提示，如图 5.12（b）所示。此时点击"保存文件"按钮，信息栏中将显示"文件保存成功"的提示，如图 5.12（c）所示。当打开几个文件并保存后，再点击"文件信息"按钮，此时将显示已经保存的文件数量及最后一个文件的大小，如图 5.12（d）所示。当点击"删除文件"按钮后，提示栏中将显示"文件被全部删除"的提示，如图 5.12（e）所示，此时再点击"文件信息"按钮，提示栏中将显示"没有文件"的提示，如图 5.12（f）所示。整个操作过程在 Console 面板中都会显示出来，如图 5.12（g）所示。

第 5 章 小程序 API

(a) 初始界面

(b) 打开文件界面

(c) 保存文件界面

(d) 文件信息界面

(e) 删除文件界面

(f) 删除文件后的文件信息

(g) console 面板显示的操作信息

图 5.12 文件操作案例运行效果

5.11.3 案例实现

1. 编写 index.wxml 文件代码。小程序界面主要由 1 张图片、4 个按钮和 1 个用于显示图片文件信息的文本构成，因此，文件代码主要由 image 组件、button 组件和 text 组件构成，并通过 page、image、.btnLayout、button 和 .fileInfo 样式设置组件的样式和布局，通过绑定 4 个点击按钮的事件函数 openFile、saveFile、getSavedFileInfo 和 removedSavedFile 实现打开文件、保存文件、文件信息和删除文件的操作。

index.wxml 文件：

```
<!--index.wxml-->
<view class='box'>
  <view class='title'>文件操作</view>
  <image src='{{imgPath}}'></image>
  <view class='btnLayout'>
    <button type='primary' bindtap='openFile'>打开文件</button>
    <button type='primary' bindtap='saveFile'>保存文件</button>
  </view>
  <view class='btnLayout'>
    <button type='primary' bindtap='getSavedFileInfo'>文件信息</button>
    <button type='primary' bindtap='removedSavedFile'>删除文件</button>
  </view>
  <view class='fileInfo' hidden='{{hidden}}'>
    <text>{{msg}}</text>
  </view>
</view>
```

2. 编写 index.wxss 文件代码。文件代码定义了 4 种样式：page、.btnLayout、button 和 .fileInfo，分别用于设置整个页面、图片、按钮和显示文件信息的文本组件的样式。

index.wxss 文件：

```
/*index.wxss*/
page{                                  /*设置整个页面样式*/
  text-align:center;                   /*页面中的所有组件居中对齐*/
}
.btnLayout{                            /*设置按钮布局*/
  display:flex;                        /*设置布局类型*/
  flex-direction:row;                  /*设置布局方向*/
  justify-content:space-around;        /*设置主轴方向控件的排列方式*/
}
button{                                /*设置按钮样式*/
  width:45%;
  margin:5px
}
.fileInfo{                             /*设置显示文件信息区域的样式*/
  margin:10rpx 0;                      /*设置上下边距为 10rpx，左右边距为 0px*/
  background-color:#f8f8f8;
  text-align:left;
  border:1px solid seagreen;           /*设置边框线的宽度、线条类型和颜色*/
```

}

3. 编写 index.js 文件代码。文件定义了 4 个函数：openFile、saveFile、getSavedFileInfo 和 removedSavedFile，分别用来实现打开文件、保存文件、获取已保存文件信息和删除文件的操作。

index.js 文件：

```javascript
//index.js
var tempFilePaths,tempFilePath;      // 定义存放所有文件和单个文件路径的全局变量
Page({
  data:{
    msg:'',                           // 小程序运行时没有文件信息
    hidden:true                       // 小程序运行时隐藏文件信息显示区域
  },
  openFile:function(){                // 定义打开文件函数
    var that=this;
    wx.chooseImage({                  // 打开图片文件
      success(res){
        tempFilePaths=res.tempFilePaths   // 获取所有打开图片文件的路径
        console.log('打开文件路径: '+tempFilePaths)
        that.setData({
          imgPath:tempFilePaths[0],   // 显示打开的第一张图片
          hidden:false,               // 显示文件信息区域
          msg:'文件打开成功！'         // 显示文件操作信息
        })
      }
    })
  },
  saveFile:function(){                // 保存文件
    var that=this;
    wx.saveFile({                     // 调用保存文件的 API 函数
      tempFilePath:tempFilePaths[0],  // 获取打开的第 1 个文件路径
      success(res){            // 将打开的第 1 个文件保存到 res.savedFilePath
        console.log('保存文件路径: '+res.savedFilePath);// 显示保存文件的路径
        that.setData({
          hidden:false,               // 显示文件操作信息
          msg:'文件保存成功！',        // 文件操作信息
        })
      }
    })
  },
  getSavedFileInfo:function(){        // 获取已经保存的文件信息
    var i,file;
    var that=this;
    wx.getSavedFileList({             // 获取所有已保存的文件
      success:function(res){          // 将获取的所有文件赋值给 res.fileList
        if(res.fileList.length==0){   // 如果没有保存的文件
          that.setData({
            hidden:false,             // 显示文件信息
```

```
            msg:'没有文件信息'              // 文件信息
          })
        } else{
          for(i=0;i<res.fileList.length;i++){
            file=res.fileList[i];
            console.log('第'+(i+1)+'个文件路径: '+file.filePath)
            wx.getSavedFileInfo({        // 获取已保存的文件信息
              filePath:file.filePath,
              success:function(res){     // 将文件信息赋值给res
                console.log('第'+i+'个文件大小为: '+res.size)
                that.setData({
                  hidden:false,          // 显示文件信息
                  msg:'文件数量: '+i+'\n最后一个文件的大小: '+res.size +
                    '\n最后一个文件的创建时间: '+res.createTime
                })
              }
            })
          }
        }
      })
    },
    removedSavedFile:function(){         // 删除文件
      var i,file;
      var that=this;
      wx.getSavedFileList({              // 获取已保存文件的列表
        success:function(res){           // 将所有文件赋值给res.fileList
          for(i=0;i<res.fileList.length;i++){   // 遍历文件列表
            file=res.fileList[i];
            wx.removeSavedFile({         // 删除已经保存的文件
              filePath:file.filePath,
            })
            console.log('第'+(i+1)+'个文件被删除! ')
          }
          that.setData({
            hidden:false,
            msg:'文件被全部删除'
          })
        }
      })
    }
  })
```

5.11.4 相关知识

文件操作主要涉及 API 函数 wx.saveFile(Object object)、wx.getSavedFileList(Object object)、wx.getSavedFileInfo(Object object) 和 wx.removeSavedFile(Object object) 的使用方法。

1. 函数 wx.saveFile(Object object)。用于将文件保存到本地,其参数属性如表 5.24 所示。

表 5.24　函数 wx.saveFile(Object object) 的参数说明

属　性	类　型	必　填	说　明
tempFilePath	string	是	需要保存的文件的临时路径
success	function	否	接口调用成功的回调函数
fail	function	否	接口调用失败的回调函数
complete	function	否	接口调用结束的回调函数（调用成功、失败都会执行）

2. 函数 wx.getSavedFileList(Object object)。用于获取该小程序下已保存的本地缓存文件列表，其参数包括 3 个回调函数：success、fail 和 complete，其中 success 函数的参数 Object res 的属性 fileList 是文件数组类型。

3. 函数 wx.getSavedFileInfo(Object object)。用于获取本地文件的文件信息。此接口只能用于获取已保存到本地的文件，若需要获取临时文件信息，可使用 wx.getFileInfo() 接口。函数参数 object 的属性包括：filePath、success、fail 和 complete，filePath 是文件路径，success 回调函数的参数 Object res 的属性说明如表 5.25 所示。

表 5.25　回调函数 object.success(Object res) 的参数属性说明

属　性	类　型	说　明
size	number	本地文件大小，以字节为单位
createTime	number	文件保存时的时间戳，从 1970/01/01 08:00:00 到当前时间的秒数

4. 函数 wx.removeSavedFile(Object object)。用于删除本地缓存文件，其参数 object 的属性包括：filePath、success、fail 和 complete，filePath 是要删除的文件路径。

5.11.5　总结与思考

1. 本案例主要涉及如下知识要点：
（1）API 函数 wx.saveFile(Object object) 的使用方法。
（2）API 函数 wx.getSavedFileList(Object object) 的使用方法。
（3）API 函数 wx.getSavedFileInfo(Object object) 的使用方法。
（4）API 函数 wx.removeSavedFile(Object object) 的使用方法。
2. 请思考如下问题：已经保存过的文件，关闭手机后还存在吗？如何测试？

案例 5.12　数据缓存

　1　　　　2

5.12.1　案例描述

设计一个小程序，利用数据缓存 API 接口函数实现对数据缓存的操作，包括同步和异步缓存数据、获取缓存数据、获取缓存数据信息、删除缓存数据等操作。

5.12.2 实现效果

根据案例描述，可以设计如图 5.13 所示运行效果的小程序。初始界面如图 5.13（a）所示，此时没有操作信息。

（1）当点击"异步存储数据"按钮时，在信息栏中显示"异步存储数据成功！"的信息，如图 5.13（b）所示。

（2）当点击"同步存储数据"按钮时，在信息栏中显示"同步存储数据成功！"的信息，如图 5.13（c）所示。

（3）当点击"异步获取数据"按钮时，在信息栏中显示第 1 个学生的信息，如图 5.13（d）所示。

（4）当点击"同步获取数据"按钮时，在信息栏中显示第 2 个学生的信息，如图 5.13（e）所示。

（5）当点击"异步缓存信息"按钮时，在信息栏中显示异步获取的缓存信息，如图 5.13（f）所示。

（6）当点击"同步缓存信息"按钮时，在信息栏中显示同步获取的缓存信息，如图 5.13（g）所示。

（7）当点击"异步删除数据"按钮时，在信息栏中显示"异步删除缓存数据成功！"的信息，如图 5.13（h）所示。

（8）当点击"同步删除数据"按钮时，在信息栏中显示"同步删除缓存数据成功！"的信息，如图 5.13（i）所示。

（1）（2）操作将会在 Storage 面板显示存储的数据，如图 5.14 所示。

（3）~（6）操作将在 Console 面板中显示相应信息，如图 5.15 所示。

（7）（8）操作后，Storage 面板中的"高一"和"高二"学生数据将被删除。

（a）初始界面　　　　　　（b）异步存储数据　　　　　　（c）同步存储数据

图 5.13　数据缓存案例运行效果

（d）异步获取数据　　　　　（e）同步获取数据　　　　　（f）异步获取缓存信息

（g）同步获取缓存信息　　　（h）异步删除缓存数据　　　（i）同步删除缓存数据

图 5.13　数据缓存案例运行效果（续）

Key	Value	Type
高一	- Array (2) 　+ 0: Object: {"id":"1","name":"TOM","Chinese":95,"Math":87,"English":72} 　+ 1: Object: {"id":"2","name":"Kevin","Chinese":75,"Math":97,"English":79} 　　length: 2	Array
高二	- Array (2) 　+ 0: Object: {"id":"1","name":"TOM","Chinese":95,"Math":87,"English":72} 　+ 1: Object: {"id":"2","name":"Kevin","Chinese":75,"Math":97,"English":79} 　　length: 2	Array

图 5.14　点击"异步存储数据"和"同步存储数据"按钮后 Storage 面板显示的信息

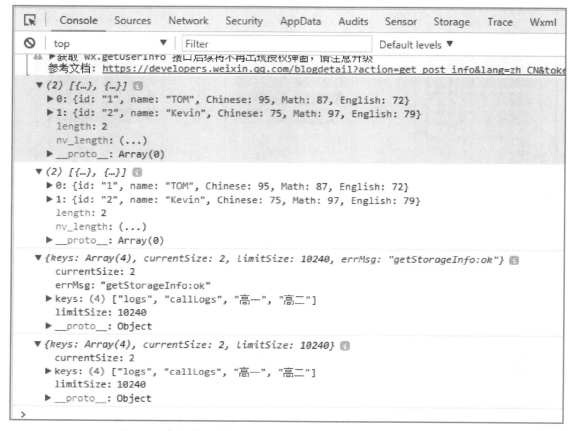

图 5.15 点击获取数据和缓存信息按钮后 Console 面板显示的信息

5.12.3 案例实现

1. 编写 index.wxml 文件代码。小程序界面主要包括 8 个 button 组件和 1 个用于显示按钮操作信息的 text 组件。8 个 button 组件 2 个一行进行排列，共 4 行，text 组件在最下面。它们都放置在 view 组件中进行布局。文件代码主要使用了 4 种样式：page、.btnLayout、button、.storageInfo，它们分别用来设置页面样式、按钮布局、按钮样式和文本布局。8 个按钮绑定了 8 个事件函数：setStorage、setStorageSync、getStorage、getStorageSync、getStorageInfo、getStorageInfoSync、removeStorage、removeStorageSync，分别用来实现：异步存储数据、同步存储数据、异步获取缓存数据、同步获取缓存数据、异步获取缓存信息、同步获取缓存信息、异步清除缓存数据、同步清除缓存数据。

index.wxml 文件：

```
<!--index.wxml-->
<view class='box'>
  <view class='title'>缓存操作 </view>
  <!-- 设置 view 组件布局方式并添加 2 个按钮 -->
  <view class='btnLayout'>
    <button type='primary' bindtap='setStorage'>异步存储数据 </button>
```

```
    <button type='primary' bindtap='setStorageSync'> 同步存储数据 </button>
  </view>
  <!-- 设置 view 组件布局方式并添加 2 个按钮 -->
  <view class='btnLayout'>
    <button type='primary' bindtap='getStorage'> 异步获取数据 </button>
    <button type='primary' bindtap='getStorageSync'> 同步获取数据 </button>
  </view>
  <!-- 设置 view 组件布局方式并添加 2 个按钮 -->
  <view class='btnLayout'>
    <button type='primary' bindtap='getStorageInfo'> 异步缓存信息 </button>
    <button type='primary' bindtap='getStorageInfoSync'> 同步缓存信息 </button>
  </view>
  <!-- 设置 view 组件布局方式并添加 2 个按钮 -->
  <view class='btnLayout'>
    <button type='primary' bindtap='removeStorage'> 异步删除数据 </button>
    <button type='primary' bindtap='removeStorageSync'> 同步删除数据 </button>
  </view>
  <!-- 设置 view 组件布局方式并添加 1 个 text 组件 -->
  <view class='storageInfo' hidden='{{hidden}}'>
    <text>{{msg}}</text>
  </view>
</view>
```

2. 编写 index.wxss 文件代码。代码定义了 4 种样式：page、.btnLayout、button、.storageInfo。index.wxss 文件：

```
/*index.wxss*/
page{                                /* 设置页面样式 */
  text-align:center;                 /* 设置页面中文本的水平对齐方式为居中 */
}
.btnLayout{                          /* 设置 button 组件的布局 */
  display:flex;
  flex-direction:row;
  justify-content:space-around;      /* 设置主轴方向组件的排列方式 */
}
button{                              /* 设置 button 组件的样式 */
  width:45%;
  margin:5px;
}
.storageInfo{                        /* 设置 text 组件所在区域的布局方式 */
  margin:20rpx 0;                    /* 设置上下边距为 20rpx，左右边距为 0*/
  padding:20rpx;                     /* 设置内边距 */
  background-color:#f8f8f8;
  text-align:left;
  border:1px solid seagreen;
}
```

3. 编写 index.js 文件代码。该文件首先在 data 中初始化了 WXML 文件中绑定的 2 个变量：

msg 和 hidden，然后定义了 Student 构造函数、创建学生数组的 loadStudents 函数和 8 个按钮绑定的事件函数：setStorage、setStorageSync、getStorage、getStorageSync、getStorageInfo、getStorageInfoSync、removeStorage、removeStorageSync，这 8 个函数分别调用相应的 API 函数来实现：异步存储数据、同步存储数据、异步获取缓存数据、同步获取缓存数据、异步获取缓存信息、同步获取缓存信息、异步清除缓存数据、同步清除缓存数据。

index.js 文件：

```
//index.js
Page({
  data:{
    msg:'',                          //设置文本显示的初始信息为空
    hidden:true                      //案例运行时隐藏文本显示区
  },

  Student:function(id,name,Chinese,Math,English){//定义构造函数
    this.id=id;                      //将函数参数 id（学号）赋值给对象属性 id
    this.name=name;                  //将函数参数 name（姓名）赋值给对象属性 name
    this.Chinese=Chinese;            //将函数参数 Chinese（语文成绩）赋值给对象属性 Chinese
    this.Math=Math;                  //将函数参数 Math（数学成绩）赋值给对象属性 Math
    this.English=English;            //将函数参数 English（英语成绩）赋值给对象属性 English
  },

  loadStudents:function(){
    var Students=new Array();        //创建学生数组
    var stu1=new this.Student('1','TOM',95,87,72);    //创建对象实例赋值给 stu1
    var stu2=new this.Student('2','Kevin',75,97,79); //创建对象实例赋值给 stu2
    Students.push(stu1);             //将 stu1 加入学生数组
    Students.push(stu2);             //将 stu2 加入学生数组
    return Students;                 //返回学生数组
  },

  setStorage:function(){             //定义异步存储数据的函数
    var that=this
    wx.setStorage({                  //调用异步存储数据函数
      key:'高一',                    //本地缓存中指定的 key
      data:this.loadStudents(),      //需要存储的内容
      success:function(){
        that.setData({
          hidden:false,              //设置文本区可见
          msg:'异步存储数据成功！'   //设置 text 组件显示的信息
        })
      }
    })
  },

  setStorageSync:function(){         //定义同步存储数据的函数
```

```
    var that=this;
    wx.setStorageSync('高二',this.loadStudents());    //同步存储数据
    that.setData({
      hidden:false,
      msg:'同步存储数据成功！'
    });
  },

  getStorage:function(){                    //定义异步获取缓存数据函数
    var that=this;
    wx.getStorage({                         //异步获取缓存数据
      key:'高一',
      success:function(res){
        var length=res.data.length;         //获取学生数量
        if(length>1){
          that.setData({
            hidden:false,
            msg:'异步获取缓存数据成功,学生1为: ' +
              '\n 学号: '+res.data[length-2].id +
              '\n 姓名: '+res.data[length-2].name +
              '\n 语文成绩: '+res.data[length-2].Chinese +
              '\n 数学成绩: '+res.data[length-2].Math +
              '\n 英语成绩: '+res.data[length-2].English
          })
          console.log(res.data)
        }
      },
      fail:function(){
        that.setData({
          hidden:false,
          msg:'异步获取缓存数据失败！'
        })
      }
    })
  },

  getStorageSync:function(){                       //定义同步获取缓存数据的函数
    var that=this;
    try{
      var value=wx.getStorageSync('高二');          //同步获取缓存数据
      var length=value.length;
      if(length>1){
        that.setData({
          hidden:false,
          msg:'同步获取缓存数据成功,学生2为: ' +
            '\n学号: '+value[length-1].id +
            '\n姓名: '+value[length-1].name +
            '\n语文成绩: '+value[length-1].Chinese +
            '\n数学成绩: '+value[length-1].Math +
```

```
            '\n 英语成绩: '+value[length-1].English
        })
        console.log(value);
      }
    } catch(e){
      that.setData({
        hidden:false,
        msg:'同步获取缓存数据失败!'
      })
      console.log(e);
    }
  },
  getStorageInfo:function(){                    // 定义异步获取缓存信息的函数
    var that=this;
    wx.getStorageInfo({                          // 异步获取缓存信息
      success:function(res){
        that.setData({
          hidden:false,
          msg:'异步获取缓存信息成功! ' +
            '\n 已使用空间: '+res.currentSize +
            '\n 最大空间为: '+res.limitSize
        })
        console.log(res)
      },
      fail:function(){
        that.setData({
          hidden:false,
          msg:'异步获取缓存信息失败!'
        })
      }
    })
  },
  getStorageInfoSync:function(){                // 定义同步获取缓存信息的函数
    var that=this;
    try{
      var res=wx.getStorageInfoSync()            // 同步获取缓存信息
      that.setData({
        hidden:false,
        msg:'同步获取缓存信息成功! ' +
          '\n 已使用空间: '+res.currentSize +
          '\n 最大空间为: '+res.limitSize
      })
      console.log(res)
    } catch(e){// 发生异常时的处理
      that.setData({
        hidden:false,
        msg:'同步获取缓存信息失败!'
```

```
      })
      console.log(e)
    }
  },
  removeStorage:function(){                  //定义异步删除缓存数据函数
    var that=this;
    wx.removeStorage({                       //异步删除缓存数据
      key:'高一',
      success:function(res){
        that.setData({
          hidden:false,
          msg:'异步删除缓存数据成功！'
        })
        console.log(res.data)
      },
      fail:function(){
        that.setData({
          hidden:false,
          msg:'异步删除缓存数据失败！'
        })
      }
    })
  },
  removeStorageSync:function(){              //定义同步删除缓存数据函数
    var that=this;
    try{
      wx.removeStorageSync('高二');          //同步删除缓存数据
      that.setData({
        hidden:false,
        msg:'同步删除缓存数据成功！'
      })
    } catch(e){                              //发生异常时的处理
      that.setData({
        hidden:false,
        msg:'同步删除缓存数据失败！'
      })
      console.log(e)
    }
  }
})
```

5.12.4 相关知识

本案例主要实现对数据缓存的操作以及构造函数的定义和使用方法。

1. 与数据缓存有关的 API 函数。与数据缓存有关的 API 函数如表 5.26 所示。

表 5.26 与数据缓存有关的 API 函数

函 数	说 明
wx.setStorage(Object object)	将数据存储在本地缓存指定的 key 中
wx.setStorageSync(string key, any data)	函数 wx.setStorage 的同步版本
wx.getStorage(Object object)	从本地缓存中异步获取指定 key 的内容
any wx.getStorageSync(string key)	函数 wx.getStorage 的同步版本
wx.getStorageInfo(Object object)	异步获取当前 storage 的相关信息
Object wx.getStorageInfoSync()	函数 wx.getStorageInfo 的同步版本
wx.removeStorage(Object object)	从本地缓存中移除指定 key 对应的数据
wx.removeStorageSync(string key)	函数 wx.removeStorage 的同步版本
wx.clearStorage(Object object)	清理本地数据缓存
wx.clearStorageSync()	函数 wx.clearStorage 的同步版本

（1）函数 wx.setStorage(Object object)。将数据存储在本地缓存中指定的 key 中，它会覆盖掉原来该 key 对应的内容。数据存储生命周期跟小程序本身一致，即除用户主动删除或超过一定时间被自动清理，否则数据一直都可用。单个 key 允许存储的最大数据长度为 1MB，所有数据存储上限为 10MB。函数参数 object 的属性如表 5.27 所示。

表 5.27 函数 wx.setStorage(Object object) 的参数属性

属 性	类 型	必 填	说 明
key	string	是	本地缓存中指定的 key
data	any	是	需要存储的内容。只支持原生类型、Date 及能够通过 JSON.stringify 序列化的对象
success	function	否	接口调用成功的回调函数
fail	function	否	接口调用失败的回调函数
complete	function	否	接口调用结束的回调函数（调用成功、失败都会执行）

（2）函数 wx.setStorageSync(string key, any data)。函数 wx.setStorage 的同步版本。参数 key 为本地缓存中指定的 key，data 为需要存储的内容。

（3）函数 wx.getStorage(Object object)。从本地缓存中异步获取指定 key 的内容。函数参数 object 的属性包括 key、success、fail 和 complete，其中回调函数 success 的对象参数 res 包含属性 data，表示获取的缓存数据。

（4）函数 any wx.getStorageSync(string key)。函数 wx.getStorage 的同步版本。参数 key 表示本地缓存中指定的 key，函数返回值 any data 为 key 对应的内容。

（5）函数 wx.getStorageInfo(Object object)。异步获取当前 storage 的相关信息。函数参数 object 的属性包括 success、fail 和 complete，其中回调函数 success 的对象参数 res 包含的属

性如表 5.28 所示。

（6）函数 Object wx.getStorageInfoSync()。函数 wx.getStorageInfo 的同步版本。其返回值 Object object 的属性如表 5.28 所示。

表 5.28 函数 success(Object res) 的参数 res 的属性说明

属 性	类 型	说 明
keys	array.<string>	当前 storage 中所有的 key
currentSize	number	当前占用的空间大小，单位 KB
limitSize	number	限制的空间大小，单位 KB

（7）函数 wx.removeStorage(Object object)。从本地缓存中移除指定 key 对应的数据。函数参数 object 的属性包括 key、success、fail 和 complete，其中 key 表示本地缓存中指定的 key。

（8）函数 wx.removeStorageSync(string key)。函数 wx.removeStorage 的同步版本。参数 key 表示本地缓存中指定的 key。

（9）函数 wx.clearStorage(Object object)。清理本地数据缓存。函数参数 object 的属性包括 success、fail 和 complete。

（10）函数 wx.clearStorageSync()。函数 wx.clearStorage 的同步版本。

2. 构造函数的定义与使用。在 JavaScript 中，构造函数是用来创建对象实例的。定义构造函数与定义普通函数没有区别，在调用构造函数创建实例时需要使用 new 关键字。

5.12.5 总结与思考

1. 本案例主要涉及如下知识要点：
（1）利用数据缓存 API 函数操作数据缓存的方法。
（2）构造函数的定义方法。
（3）利用构造函数创建对象的方法。
2. 请思考以下问题：在数据缓存中存储的数据，在关闭手机后是否还存在？

案例 5.13　网络状态

5.13.1 案例描述

设计一个小程序，显示当前联网状态，当联网状态为 Wi-Fi 状态时，显示 Wi-Fi 的 SSID、BSSID、安全性以及信号强度等信息。

5.13.2 实现效果

根据案例描述，可以设计如图 5.16 所示运行效果的小程序。当不联网时的结果如图 5.16（a）所示，此时"当前网络状态"显示为 none；当把网络切换到 4G 状态时，此时"当前网络状态"显示为 4g，如图 5.16（b）所示；当把网络切换到 Wi-Fi 状态时，此时"当前网络状态"显示为 wifi，如果此时点击"Wi-Fi 状态"按钮，则显示当前手机 Wi-Fi 的相关信息，如图 5.16 (c) 所示。

（a）未联网界面

（b）4G 联网界面

（c）Wi-Fi 联网界面

图 5.16　网络状态案例运行效果

5.13.3　案例实现

1. 编写 index.wxml 文件代码。由于小程序的界面主要包含显示网络状态的一些信息和用于实现 Wi-Fi 信息显示的按钮，因此本文件代码主要用到了 view 组件和 button 组件。button 组件绑定了事件函数 wifiStatus。

index.wxml 文件：

```
<!--index.wxml-->
<view class='box'>
  <view class='title'> 网络状态 </view>
  <view> 当前网络状态是: {{status}}</view>
  <button type='primary' bindtap='wifiStatus'>Wi-Fi 状态 </button>
  <view>
    <view>SSID:{{res.SSID}}</view>
    <view>BSSID:{{res.BSSID}}</view>
    <view> 安全性 :{{res.secure}}</view>
    <view> 信号强度 :{{res.signalStrength}}</view>
  </view>
</view>
```

2. 编写 index.wxss 文件代码。为了实现每行显示信息以及信息与按钮之间的上下间距，本文件定义了 view 样式，在该样式中设置了上下间距为 10rpx，左右间距为 0。

index.wxss 文件：

```
/*index.wxss*/
```

```
view{
  margin:10rpx 0;
}
```

3. 编写 index.js 文件代码。在 onLoad 函数中调用 wx.getNetworkType 函数获取网络类型，调用 wx.onNetworkStatusChange 函数监听网络状态的变化。此外，文件中定义了点击按钮事件函数 wifiStatus，在该函数中调用了 API 函数 wx.getConnectedWifi，用于获取 Wifi 信息。

index.js 文件：

```
//index.js
Page({
  data:{
    status:'获取中……',
  },
  onLoad:function(options){
    var that=this
    wx.getNetworkType({                             // 调用获取网络类型函数
      success:function(res){
        that.setData({
          status:res.networkType
        })
      },
    })
    wx.onNetworkStatusChange(function(res){         // 调用监听网络状态变化的函数
      if(res.isConnected){
        that.setData({
          status:res.networkType                    // 如果联网状态，显示网络类型
        })
      }else{
        that.setData({
          status:'未联网！'
        })
      }
    })
  },

  wifiStatus:function(){
    var that=this
    wx.getConnectedWifi({                           // 获取已经连接的 Wi-Fi
      success:function(res){
        that.setData({
          res:res.wifi
        })
      }
    })
  }
})
```

5.13.4 相关知识

本案例用到了与网络状态有关的 3 个 API 函数：wx.getNetworkType(Object object)、wx.onNetworkStatusChange(function callback) 和 wx.getConnectedWifi(Object object)。

1. 函数 wx.getNetworkType(Object object)。用于获取网络类型，参数 object 的属性包括 3 个回调函数：success、fail 和 complete，其中 success 回调函数的参数 Object res 的属性为 networkType，其合法值如表 5.29 所示。

表 5.29 res.networkType 的合法值

值	说　　明	值	说　　明
wifi	Wi-Fi 网络	4g	4g 网络
2g	2g 网络	unknown	Android 下不常见的网络类型
3g	3g 网络	none	无网络

2. 函数 wx.onNetworkStatusChange(function callback)。用于监听网络状态变化事件，参数 callback 为网络状态变化事件的回调函数，该回调函数的参数 Object res 的属性如表 5.30 所示，其中 networkType 的合法值如表 5.29 所示。

表 5.30 回调函数 callback 的参数 Object res 的属性

属　　性	类　　型	说　　明
isConnected	boolean	当前是否有网络连接
networkType	string	网络类型

3. 函数 wx.getConnectedWifi(Object object)。用于获取已连接中的 Wi-Fi 信息。其参数 object 的属性包括 3 个回调函数：success、fail 和 complete，其中 success 回调函数的参数 Object res 的属性为 WifiInfo 类型的 wifi，wifi 表示 Wi-Fi 信息，其合法值如表 5.31 所示。

表 5.31 wifi 的属性说明

属　　性	类　　型	说　　明
SSID	string	Wi-Fi 的 SSID
BSSID	string	Wi-Fi 的 BSSID
secure	boolean	Wi-Fi 是否安全
signalStrength	number	Wi-Fi 信号强度

5.13.5 总结与思考

1. 本案例主要涉及如下知识要点：
（1）API 函数 wx.getNetworkType(Object object) 的使用方法。
（2）API 函数 wx.onNetworkStatusChange(function callback) 的使用方法。
（3）API 函数 wx.getConnectedWifi(Object object) 的使用方法。
2. 请思考如下问题：SSID 和 BSSID 的含义是什么？

案例 5.14 传感器

5.14.1 案例描述
设计一个小程序，实现启动、停止和监听罗盘传感器、加速度传感器和陀螺仪传感器的功能。

5.14.2 实现效果
根据案例描述，可以设计如图 5.17 所示运行效果的小程序。初始界面如图 5.17（a）所示。当点击相应的启动按钮后，相应的传感器被启动，在相应按钮下面的信息区会显示相应的传感器信息，移动手机时，这些信息会发生相应的变化，如图 5.17（b）所示。当点击停止按钮后，传感器监听功能将被停止，即使移动手机，按钮下面的信息显示也不再变化。

（a）初始界面　　　　　　（b）启动和停止传感器后的界面

图 5.17　传感器案例运行效果

5.14.3 案例实现
1. 编写 index.wxml 文件代码。代码中设计了 6 个按钮，实现启动和停止罗盘传感器、加速度传感器和陀螺仪传感器，此外，代码中还设计了显示监听这 3 种传感器实时数据的文本信息。代码中使用了 4 种样式，按钮绑定了 6 个事件函数。

（1）代码中使用了 4 种样式：button、view、.btnLayout 和 .txtLayout，用于设置按钮和文本的样式和布局。

（2）代码中的按钮绑定了 6 个事件函数：startCompass、stopCompass、startAcc、stopAcc、startGyroscope、stopGyroscope，分别用于启动和停止罗盘传感器、加速度传感器和陀螺仪传感器。

index.wxml 文件：

```
<!--index.wxml-->
<view class='box'>
```

```
<view class='title'>传感器</view>
<view class='btnLayout'>
  <button type='primary' bindtap='startCompass'>启动罗盘监听</button>
  <button type='primary' bindtap='stopCompass'>停止罗盘监听</button>
</view>
<view class='txtLayout'>
  <view>罗盘方位角: {{resCompass.direction}}</view>
  <view>罗盘精度: {{resCompass.accuracy}}</view>
</view>
<view class='btnLayout'>
  <button type='primary' bindtap='startAcc'>启动加速度计</button>
  <button type='primary' bindtap='stopAcc'>停止加速度计</button>
</view>
<view class='txtLayout'>
  <view>X 轴方向加速度: {{resAcc.x}}</view>
  <view>Y 轴方向加速度: {{resAcc.y}}</view>
  <view>Z 轴方向加速度: {{resAcc.z}}</view>
</view>
<view class='btnLayout'>
  <button type='primary' bindtap='startGyroscope'>启动陀螺仪</button>
  <button type='primary' bindtap='stopGyroscope'>停止陀螺仪</button>
</view>
<view class='txtLayout'>
  <view>X 轴方向角速度: {{resGyroscope.x}}</view>
  <view>Y 轴方向角速度: {{resGyroscope.y}}</view>
  <view>Z 轴方向角速度: {{resGyroscope.z}}</view>
</view>
</view>
```

2. 编写 index.wxss 文件代码。该文件定义了 4 种样式: button、view、.btnLayout 和 .txtLayout。index.wxss 文件:

```
/*index.wxss*/
button{                          /*button 组件样式 */
  margin:10rpx;
  width:45%;
}
view{                            /*view 组件样式 */
  margin:5rpx 0rpx;
  padding:5rpx;
}
.btnLayout{                      /*button 组件布局 */
  display:flex;
  flex-direction:row;
  justify-content:center;
}
.txtLayout{                      /*text 组件布局 */
  display:flex;
  flex-direction:column;
```

```
    margin:5rpx 0rpx;
    border:1px solid burlywood;
}
```

3. 编写 index.js 文件代码。代码定义了 6 个按钮的事件函数：startCompass、stopCompass、startAcc、stopAcc、startGyroscope、stopGyroscope，在这些函数中分别调用了相应的 API 函数实现了启动和停止罗盘传感器、加速度传感器和陀螺仪传感器的功能。

index.js 文件：

```
//index.js
Page({
  startCompass:function(){
    var that=this
    wx.startCompass({                              // 启动罗盘传感器监听功能
      success:function(){
        wx.onCompassChange(function(res){          // 监听罗盘传感器
          that.setData({
            resCompass:res                         //res 为回调函数的参数
          })
        })
      }
    })
  },
  stopCompass:function(){
    var that=this;
    wx.stopCompass({                               // 停止罗盘传感器监听功能
      success:function(res){
        console.log('罗盘已经停止！')
      }
    })
  },
  startAcc:function(){
    var that=this;
    wx.startAccelerometer({                        // 启动加速度传感器监听功能
      success:function(){
        wx.onAccelerometerChange(function(res){    // 监听加速度传感器
          that.setData({
            resAcc:res                             //res 为回调函数的参数
          })
        })
      }
    })
  },
  stopAcc:function(){
    wx.stopAccelerometer({                         // 停止加速度传感器监听功能
      success:function(res){
        console.log('已停止加速度传感器监听！')
      }
```

```
      })
    },
    startGyroscope:function(){
      var that=this;
      wx.startGyroscope({                          // 启动陀螺仪传感器监听功能
        success:function(res){
          wx.onGyroscopeChange(function(res){      // 监听陀螺仪传感器
            that.setData({
              resGyroscope:res                     //res 为回调函数的参数
            })
          })
        }
      })
    },
    stopGyroscope:function(){
      wx.stopGyroscope({                           // 停止陀螺仪传感器监听功能
        success:function(res){
          console.log('已停止陀螺仪传感器监听！')
        }
      })
    }
})
```

5.14.4 相关知识

本案例使用了罗盘传感器、加速度传感器和陀螺仪传感器相关的 API 函数，这些函数说明如表 5.32 所示。

表 5.32 罗盘传感器、加速度传感器和陀螺仪传感器常用 API 函数说明

函 数 类 型	API 函数	函 数 功 能
罗盘传感器	wx.startCompass(Object object)	启动罗盘监听
	wx.stopCompass(Object object)	停止罗盘监听
	wx.onCompassChange(function callback)	监听罗盘数据变化
加速度传感器	wx.startAccelerometer(Object object)	启动加速度监听
	wx.stopAccelerometer(Object object)	停止加速度监听
	wx.onAccelerometerChange(function callback)	监听加速度变化事件
陀螺仪传感器	wx.startGyroscope(Object object)	启动陀螺仪监听
	wx.stopGyroscope(Object object)	停止陀螺仪监听
	wx.onGyroscopeChange(function callback)	监听陀螺仪数据变化事件

1. 函数 wx.startCompass(Object object) 和 wx.stopCompass(Object object) 的参数 object 都包含 3 个回调函数：success、fail、complete。

2. 函数 wx.onCompassChange(function callback) 监听罗盘数据变化事件的频率是 5 次 /s，接口调用后会自动开始监听，可使用 wx.stopCompass 停止监听。其参数 callback 为罗盘数据变化事件的回调函数，该回调函数的参数 Object res 包含的属性如表 5.33 所示。

表 5.33　回调函数 callback 的参数属性说明

属性	类型	说明
direction	number	面对的方向度数
accuracy	number/string	精度

3. 函数 wx.startAccelerometer(Object object) 和 wx.stopAccelerometer(Object object) 的参数 object 的属性都包含 success、fail、complete 回调函数，此外，函数 wx.startAccelerometer(Object object) 的参数还包含了 interval 属性，用于监听加速度数据变化事件的频率。interval 的合法值如表 5.34 所示。

表 5.34　函数 wx.startAccelerometer(Object object) 的参数属性 object.interval 的合法值

值	说明
game	适用于更新游戏的回调频率，在 20ms/ 次左右
ui	适用于更新 UI 的回调频率，在 60ms/ 次左右
normal	普通的回调频率，在 200ms/ 次左右

4. 函数 wx.onAccelerometerChange(function callback) 的监听加速度变化事件频率根据 wx.startAccelerometer() 的 interval 参数来决定，可使用 wx.stopAccelerometer() 停止监听，其回调函数参数 callback 的参数属性包括 x、y 和 z，分别表示 X 坐标轴、Y 坐标轴、Z 坐标轴的加速度。

5. 函数 wx.startGyroscope(Object object)、wx.stopGyroscope(Object object) 和 wx.onGyroscopeChange(function callback) 的参数分别与 wx.startAccelerometer(Object object)、wx.stopAccelerometer(Object object) 和 wx.onAccelerometerChange(function callback) 类似，这里就不再赘述。

5.14.5　总结与思考

1. 本案例主要涉及以下知识要点：
（1）罗盘传感器 API 函数的使用方法。
（2）加速度传感器 API 函数的使用方法。
（3）陀螺仪传感器 API 函数的使用方法。
2. 请思考以下问题：如何利用设备方向和 NFC 等传感器的 API 函数实现相应功能？

案例 5.15 扫码与打电话

5.15.1 案例描述
设计一个小程序，实现扫码、打电话和添加联系人信息的功能。

5.15.2 实现效果
小程序运行后的效果如图 5.18 所示。

初始界面如图 5.18（a）所示，此时显示扫码按钮、扫码结果提示信息、输入联系人姓名和电话的提示信息、拨打电话和添加联系人按钮。

当点击"开始扫码"按钮时，弹出扫码界面，如图 5.18（b）所示。此时可以直接扫码，如果点击窗口右上角的"相册"，则可以扫描相册中的二维码图片。

扫码后的结果界面如图 5.18（c）所示。此时显示扫码结果，包括字符集、扫码类型和扫码结果。

如果没有输入联系人姓名或电话时就点击"添加联系人"按钮，则出现如图 5.18（d）所示的错误提示。

当输入了联系人姓名和电话并点击"拨打电话"按钮时，将出现如图 5.18（e）所示的界面，屏幕下方出现了"呼叫"和"取消"按钮，如果点击"呼叫"按钮，将直接拨打联系人电话。

当输入了联系人姓名和电话并点击"添加联系人"按钮时，将出现如图 5.18（f）所示的界面，屏幕下方出现了"创建新联系人"、"添加到现有联系人"和"取消"按钮，选择某个按钮后将执行相应的操作。

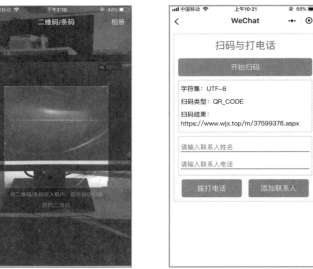

（a）初始界面　　　　　　　　（b）扫码时的界面　　　　　　　　（c）扫码后的结果

图 5.18　扫码与打电话案例运行效果

（d）没有输入联系人信息就点击添加联系人按钮时界面　　（e）拨打电话时界面　　（f）添加联系人时界面

图 5.18　扫码与打电话案例运行效果（续）

5.15.3　案例实现

1. 编写 index.wxml 文件代码。小程序界面主要包含 2 部分内容：扫码部分和打电话部分。

（1）扫码部分由 1 个 button 组件和 3 个 text 组件来实现。button 组件用来实现扫码功能，3 个 text 组件用来显示扫码结果，它们放置在 1 个 view 组件中进行布局。这部分使用了 2 个样式文件：.txtLayout 和 text，绑定了 3 个数据：resCode.charSet、resCode.scanType、resCode.result，绑定了 1 个事件函数：scanCode。

（2）打电话部分由 2 个 input 组件和 2 个 button 组件来实现。input 组件用来输入联系人姓名和电话，它们放置在 1 个 view 组件中进行布局。button 组件用来实现拨打电话和添加联系人功能，它们放置在 1 个 view 组件中进行布局。这部分使用了 3 个样式文件：.txtLayout、.btnLayout 和 button，绑定了 4 个事件函数：inputName、inputPhone、makeCall、addPerson。

index.wxml 文件：

```
<!--index.wxml-->
<view class='box'>
  <view class='title'>扫码与打电话</view>
  <button type='primary' bindtap='scanCode'>开始扫码</button>
  <view class='txtLayout'>
    <text>字符集：{{resCode.charSet}}</text>
    <text>扫码类型：{{resCode.scanType}}</text>
    <text>扫码结果：{{resCode.result}}</text>
  </view>
  <view class='txtLayout'>
    <input placeholder='请输入联系人姓名' bindblur='inputName'></input>
```

```
    <input placeholder='请输入联系人电话' bindblur='inputPhone' type=
'number'></input>
    </view>
    <view class='btnLayout'>
      <button type='primary' bindtap='makeCall' style='width:45%'>拨打电
话</button>
      <button type='primary' bindtap='addPerson' style='width:45%'>添加联
系人</button>
    </view>
  </view>
```

2. 编写 index.wxss 文件代码。文件定义了 4 个样式：.txtLayout、text、.btnLayout、input。.txtLayout 用于设置 text 组件和 input 组件的布局，text 用于设置 text 组件的样式，.btnLayout 用于设置 button 组件的布局，input 用于设置 input 组件的样式。

index.wxss 文件：

```
/*index.wxss*/
.txtLayout{ /*text组件布局 */
  display:flex;
  flex-direction:column;
  margin:20rpx 0rpx;
  border:1px solid burlywood;
  padding:10rpx;
}
text{
  margin:10rpx 0;
}
.btnLayout{
  /* 设置button组件的布局 */
  display:flex;
  flex-direction:row;
  justify-content:space-around;/*设置主轴方向组件的排列方式 */
}
input{
  margin:20rpx 0;
  border-bottom:1px solid blue;
}
```

3. 编写 index.js 文件代码。该文件主要定义了 5 个函数：scanCode、inputName、inputPhone、makeCall、addPerson。scanCode 用于实现扫码，inputName 用于获取在 input 组件中输入的联系人姓名，inputPhone 用于获取在 input 组件中输入的联系人电话号码，makeCall 用于拨打电话，addPerson 用于添加联系人信息。

index.js 文件：

```
//index.js
Page({
```

```
    name:'',                        // 定义联系人姓名
    phone:'',                       // 定义联系人电话
  scanCode:function(){
    var that=this;
    wx.scanCode({                   // 调用扫码 API 函数
      onlyFromCamera:false,         // 通过摄像头和调用相册图片都可以进行扫码
      scanType:[],                  // 不指定码的类型
      success:function(res){
        that.setData({
          resCode:res               // 获取扫码结果
        })
      },
    })
  },
  inputName:function(e){
    this.name=e.detail.value;       // 获取联系人姓名
  },
  inputPhone:function(e){
    this.phone=e.detail.value;      // 获取联系人电话
  },
  makeCall:function(){
    let phone=this.phone;
    wx.makePhoneCall({              // 调用打电话 API 函数
      phoneNumber:phone
    })
  },
  addPerson:function(){
    let name=this.name;
    let phone=this.phone;
    if(name=='' || phone==''){
      wx.showToast({
        title:'姓名和电话不能为空',
        icon:'none',
        duration:2000
      })
    } else{
      wx.addPhoneContact({   // 调用添加联系人 API 函数
        firstName:name,
        mobilePhoneNumber:phone
      })
    }
  }
})
```

5.15.4 相关知识

本案例使用了扫码、打电话和添加联系人信息的 API 函数，这些函数说明如表 5.35 所示。

表 5.35　扫码、打电话和添加联系人信息 API 函数说明

API 函数	函 数 功 能
wx.scanCode(Object object)	扫码
wx.makePhoneCall(Object object)	打电话
wx.addPhoneContact(Object object)	添加联系人信息

1. 函数 wx.scanCode(Object object) 调用客户端扫码界面进行扫码。其参数 object 的属性说明如表 5.36 所示。

表 5.36　函数 wx.scanCode(Object object) 的参数属性说明

属　性	类　型	默 认 值	必填	说　明
onlyFromCamera	boolean	FALSE	否	是否只能从相机扫码，不允许从相册选择图片
scanType	array.<string>	['barCode', 'qrCode']	否	扫码类型
success	function		否	接口调用成功的回调函数
fail	function		否	接口调用失败的回调函数
complete	function		否	接口调用结束的回调函数（调用成功、失败都会执行）

object.scanType 的合法值如表 5.37 所示。

表 5.37　object.scanType 的合法值

值	说　明	值	说　明
barCode	一维码	datamatrix	Data Matrix 码
qrCode	二维码	pdf417	PDF417 条码

object.success 回调函数的参数 Object res 的属性说明如表 5.38 所示。

表 5.38　object.success 回调函数的参数 Object res 的属性说明

属　性	类　型	说　明
result	string	所扫码的内容
scanType	string	所扫码的类型
charSet	string	所扫码的字符集
path	string	当所扫的码为当前小程序二维码时，会返回此字段，内容为二维码携带的 path
rawData	string	原始数据，base64 编码

2. 函数 wx.makePhoneCall(Object object) 用于拨打电话，其参数 object 的属性说明如表 5.39 所示。

表 5.39　函数 wx.makePhoneCall(Object object) 的参数属性说明

属　　性	类　　型	必　填	说　　明
phoneNumber	string	是	需要拨打的电话号码
success	function	否	接口调用成功的回调函数
fail	function	否	接口调用失败的回调函数
complete	function	否	接口调用结束的回调函数（调用成功、失败都会执行）

3. 函数 wx.addPhoneContact(Object object) 用于添加手机通讯录联系人。用户可以选择将该表单以"新增联系人"或"添加到已有联系人"的方式，写入手机系统通讯录。参数 object 的主要属性如表 5.40 所示。

表 5.40　函数 wx.addPhoneContact(Object object) 参数的主要属性

属　　性	类　　型	必　填	说　　明
firstName	string	是	名字
lastName	string	否	姓氏
mobilePhoneNumber	string	否	手机号
weChatNumber	string	否	微信号

5.15.5　总结与思考

1. 本案例涉及如下知识要点：
（1）扫码 API 函数 wx.scanCode(Object object) 的使用方法。
（2）打电话 API 函数 wx.makePhoneCall(Object object) 的使用方法。
（3）添加联系人 API 函数 wx.addPhoneContact(Object object) 的使用方法。
2. 请思考如下问题：如何利用蓝牙 API 函数实现蓝牙应用？

案例 5.16　屏幕亮度、剪贴板和手机振动

5.16.1　案例描述

设计一个小程序，使用屏幕亮度、剪贴板和手机振动的 API 函数，实现设备屏幕亮度的设置、复制和查询、屏幕亮度的保持设置等，当选中"保持亮度"switch 组件时，手机同时发生振动。

5.16.2　实现效果

根据案例描述，可以设计如图 5.19 所示运行效果的小程序。初始界面如图 5.19（a）所示。通过调整 slider 组件的位置来设置屏幕的亮度，当点击"查询亮度"按钮时，亮度值显示在按钮下方，如图 5.19（b）所示。当选中"保持亮度"switch 组件时，手机发生振动，屏幕亮度始终保持不变；当点击"复制亮度"按钮时，将出现"复制成功"信息框，同时亮度值被复

制到按钮下方，如图 5.19（c）所示。

（a）初始界面　　　　　　　　（b）设置和查询亮度　　　　　　（c）保持和复制亮度

图 5.19　屏幕亮度、剪贴板和手机振动案例运行效果

5.16.3　案例实现

1. 编写 index.wxml 文件代码。小程序界面主要包括：设置屏幕亮度的 slider 组件、查询亮度和复制亮度的 button 组件、设置保持亮度的 switch 组件。

（1）为了设置 view、slider、button、switch 组件之间的间距，文件对这些组件的样式进行了统一定义。

（2）文件代码绑定了 2 个数据：brightness 和 copyBrightness，分别表示当前亮度值和复制的亮度值。

（3）文件代码绑定了 4 个事件函数：setScreenBrightness、getScreenBrightness、setKeepScreenOn、copyBrightness，分别表示设置亮度、获取亮度、设置保持亮度和复制亮度。

index.wxml 文件：

```
<!--index.wxml-->
<view class='box'>
  <view class='title'>屏幕亮度、剪贴板和振动</view>
  <view>设置屏幕亮度</view>
  <!-- 由于亮度的范围是 0~1，因此设置 slider 的 max、min 和 step 属性，value 属性表
示组件的当前位置 -->
  <slider min='0' max='1' value='0.5' step='0.1' show-value='true'
    bindchange='setScreenBrightness'>
  </slider>
  <button type='primary' bindtap='getScreenBrightness'> 查询亮度 </button>
  <view> 当前亮度为: {{brightness}}</view>
```

```
<switch bindchange='setKeepScreenOn'>保持亮度</switch>
<button type='primary' bindtap='copyBrightness'>复制亮度</button>
<view>复制的亮度为：{{copyBrightness}}</view>
</view>
```

2. 编写 index.wxss 文件代码。代码同时设置 view, slider, button, switch 四种组件的间距为 20rpx。

index.wxss 文件：

```
/*index.wxss*/
view,slider,button,switch{
  margin:20rpx;
}
```

3. 编写 index.js 文件代码。文件定义了 4 个事件函数：setScreenBrightness、getScreenBrightness、setKeepScreenOn、copyBrightness，分别实现了设置亮度、获取亮度、设置屏幕保持亮度和复制屏幕亮度的功能。

index.js 文件：

```
//index.js
Page({
  data:{
    brightness:'待查询',
    copyBrightness:''
  },
  setScreenBrightness:function(e){
    wx.setScreenBrightness({        //设置屏幕亮度 API 函数
      value:e.detail.value           //将 slider 组件的值传递给函数的参数
    })
  },
  getScreenBrightness:function(){
    var that=this;
    wx.getScreenBrightness({ //获取屏幕亮度 API 函数
      success:function(res){
        that.setData({          //将屏幕亮度值设置为保留小数点后一位并传递给绑定数据
          brightness:res.value.toFixed(1)
        })
      },
    })
  },
  setKeepScreenOn:function(e){
    let isKeeping=e.detail.value      //将 switch 组件的值赋值给自定义变量
    if(isKeeping){                    //如果 switch 组件被选中，则设置屏幕保持亮度
      wx.setKeepScreenOn({
        keepScreenOn:true
      })
```

```
        wx.vibrateShort()              // 手机短时振动
      }
    },
    copyBrightness:function(){
      var that=this
      let brightness=this.data.brightness
      wx.setClipboardData({              // 设置剪贴板数据 API 函数
        data:brightness,                 // 给剪贴板数据赋值
        success:function(res){
          wx.showToast({                 // 显示提示信息
            title:'复制成功!'
          })
        }
      })
      wx.getClipboardData({              // 获取剪贴板数据 API 函数
        success:function(res){
          that.setData({
            copyBrightness:res.data      // 将剪贴板数据赋值给绑定变量
          })
        }
      })
    }
  })
```

5.16.4 相关知识

本案例涉及屏幕亮度、剪贴板和手机振动相关的 API 函数，这些函数说明如表 5.41 所示。

表 5.41 屏幕亮度、剪贴板和手机振动常用 API 函数说明

函数类型	API 函数	函数功能
屏幕亮度	wx.setScreenBrightness(Object object)	设置屏幕亮度
	wx.getScreenBrightness(Object object)	获取屏幕亮度
	wx.setKeepScreenOn(Object object)	设置是否保持常亮状态
剪贴板	wx.setClipboardData(Object object)	设置系统剪贴板的内容
	wx.getClipboardData(Object object)	获取系统剪贴板的内容
手机振动	wx.vibrateShort(Object object)	使手机发生较短时间的振动（15 ms）
	wx.vibrateLong(Object object)	使手机发生较长时间的振动（400 ms）

1. 函数 wx.setScreenBrightness(Object object) 的参数 Object object 的属性除了包含 success、fail 和 complete 三个回调函数外，还包含了 number 类型的 value 属性，该属性是必填项，表示屏幕的亮度值，其范围为 0 ~ 1，0 最暗，1 最亮。

2. 函数 wx.getScreenBrightness(Object object) 的参数 Object object 的属性只包含 success、fail 和 complete 三个回调函数，object.success 回调函数参数 Object object 的属性 number value 表示屏幕的亮度值，其范围为 0～1，0 最暗，1 最亮。

3. 函数 wx.setKeepScreenOn(Object object) 用于设置是否保持常亮状态。仅在当前小程序生效，离开小程序后设置失效。参数 Object object 的属性除了包含 success、fail 和 complete 三个回调函数外，还包含了 boolean 类型的必填项属性 keepScreenOn，表示是否保持屏幕常亮。

4. 函数 wx.setClipboardData(Object object) 的参数 Object object 的属性除了包含 success、fail 和 complete 三个回调函数外，还包含了 string 类型的必填项属性 data，表示剪贴板的内容。

5. 函数 wx.getClipboardData(Object object) 的参数 Object object 的属性只包含 success、fail 和 complete 三个回调函数，object.success 回调函数参数 Object object 的 string data 表示剪贴板的内容。

6. 函数 wx.vibrateShort(Object object) 使手机发生较短时间的振动（15 ms）。仅在 iPhone 7／7 Plus 以上及 Android 机型生效。参数 Object object 的属性只包含 success、fail 和 complete 三个回调函数。

7. 函数 wx.vibrateLong(Object object) 使手机发生较短时间的振动（400ms）。参数 Object object 的属性只包含 success、fail 和 complete 三个回调函数。

5.16.5 总结与思考

1. 本案例主要涉及如下知识要点：
（1）利用屏幕亮度 API 函数设置、获得和保持设备屏幕亮度的方法。
（2）利用剪贴板 API 函数设置和获取系统剪贴板内容的方法。
（3）利用手机振动 API 函数使手机发生较短和较长时间振动的方法。
2. 请思考如下问题：如何将选择的文本内容设置为剪贴板内容进行复制粘贴？

案例 5.17 设备系统信息

5.17.1 案例描述

编写一个小程序，实现同步和异步获取设备系统信息。

5.17.2 实现效果

根据案例描述，可以设计如图 5.20 所示运行效果的小程序。初始界面如图 5.20（a）所示。点击"同步获取"按钮后的结果如图 5.20（b）所示，点击"异步获取"按钮后的结果如图 5.20（c）所示。从运行结果可以看出，同步获取和异步获取的设备系统信息是一样的。

（a）初始界面　　　　　　（b）异步获取设备系统信息　　　　　（c）同步获取系统设备信息

图 5.20　设备系统信息案例运行效果

5.17.3　案例实现

1. 编写 index.wxml 文件代码。小程序界面主要由显示设备系统信息的多行文本和 2 个按钮构成，因此该文件代码主要使用了 view 和 button 组件。

（1）文件中使用了 .border、view、.btnLayout、button 四种样式进行组件样式和布局的设置。

（2）文件中的 2 个按钮分别绑定了 getSystemInfoSync 和 getSystemInfo 事件函数实现同步和异步获取设备系统信息。

（3）文件中通过绑定的 msg 变量来显示"同步"或"异步"，通过绑定 hide1 和 hide2 变量来控制同步显示或异步显示，通过绑定其他的 11 个变量来显示设备系统信息。

index.wxml 文件：

```
<!--index.wxml-->
<view class='box'>
  <view class='title'>{{msg}} 获取您的设备信息 </view>
  <view class='border' hidden='{{hide1}}'>
    <view> 手机型号：{{model}}</view>
    <view> 设备像素比：{{pixelRatio}}</view>
    <view> 屏幕宽度：{{screenWidth}}</view>
    <view> 屏幕高度：{{screenHeight}}</view>
    <view> 窗口宽度：{{windowWidth}}</view>
    <view> 窗口高度：{{windowHeight}}</view>
    <view> 微信语言：{{language}}</view>
    <view> 微信版本：{{version}}</view>
    <view> 操作系统版本：{{system}}</view>
    <view> 客户端平台：{{platform}}</view>
    <view> 客户端基础库版本：{{SDKVersion}}</view>
```

```
    </view>

    <view class='border' hidden='{{hide2}}'>
        <view>手机型号: {{model}}</view>
        <view>设备像素比: {{pixelRatio}}</view>
        <view>屏幕宽度: {{screenWidth}}</view>
        <view>屏幕高度: {{screenHeight}}</view>
        <view>窗口宽度: {{windowWidth}}</view>
        <view>窗口高度: {{windowHeight}}</view>
        <view>微信语言: {{language}}</view>
        <view>微信版本: {{version}}</view>
        <view>操作系统版本: {{system}}</view>
        <view>客户端平台: {{platform}}</view>
        <view>客户端基础库版本: {{SDKVersion}}</view>
    </view>
    <view class='btnLayout'>
        <button type='primary' bindtap='getSystemInfoSync'>同步获取</button>
        <button type='primary' bindtap='getSystemInfo'>异步获取</button>
    </view>
</view>
```

2. 编写 index.wxss 文件代码。该文件定义了 4 种样式：.border、view、.btnLayout、button。其中，.border 样式用于设置显示设备系统信息部分的边框，view 样式用于控制每行的间距，.btnLayout 用于设置 button 组件的布局，button 用于设置 button 组件的样式。

index.wxss 文件：

```
/*index.wxss */

.border{
  border:1px solid seagreen;
}

view{
  margin:8px;
}

.btnLayout{
  display:flex;
  flex-direction:row;
  justify-content:space-around;
}

button{
  width:45%;
  margin:5px;
}
```

3. 编写 index.js 文件代码。该文件在 data 中初始化了 hide1 和 hide2 两个绑定变量，然后定义了 2 个按钮事件函数：getSystemInfo 和 getSystemInfoSync。在 getSystemInfo 函数中调用

API 函数 wx.getSystemInfo 异步获取设备系统信息，在 getSystemInfoSync 函数中调用 API 函数 wx.getSystemInfoSync() 同步获取设备系统信息。

index.js 文件：

```javascript
//index.js
Page({
  data:{
    hide1:false,
    hide2:true
  },
  getSystemInfo:function(){  //异步获取设备信息
    var that=this;
    wx.getSystemInfo({
      success:(res)=>{
        that.setData({
          msg:'异步',
          hide1:false,
          hide2:true,
          model:res.model,
          pixelRatio:res.pixelRatio,
          screenWidth:res.screenWidth,
          screenHeight:res.screenHeight,
          windowWidth:res.windowWidth,
          windowHeight:res.windowHeight,
          language:res.language,
          version:res.version,
          system:res.system,
          platform:res.platform,
          SDKVersion:res.SDKVersion
        })
      },
    })
  },

  getSystemInfoSync:function(){
    var that=this;
    try{
      var res=wx.getSystemInfoSync();
      that.setData({
        msg:'同步',
        hide1:true,
        hide2:false,
        model:res.model,
        pixelRatio:res.pixelRatio,
        screenWidth:res.screenWidth,
        screenHeight:res.screenHeight,
        windowWidth:res.windowWidth,
        windowHeight:res.windowHeight,
```

```
            language:res.language,
            version:res.version,
            system:res.system,
            platform:res.platform,
            SDKVersion:res.SDKVersion
        })
    } catch(e){
        console.log(e)
    }
  }
})
```

5.17.4 相关知识

本案例涉及获取设备系统信息的 2 个 API 函数，函数说明如表 5.42 所示。

表 5.42 获取设备系统信息 API 函数说明

函 数 类 型	API 函数	函 数 功 能
获取设备系统信息	wx.getSystemInfo(Object object)	异步获取设备系统信息
	Object wx.getSystemInfoSync()	同步获取设备系统信息

1. 函数 wx.getSystemInfo(Object object) 的参数 Object object 的属性只包含 success、fail 和 complete 三个回调函数，object.success 回调函数参数 Object res 的主要属性说明如表 5.43 所示。

表 5.43 object.success 回调函数参数 Object res 的主要属性

属　　性	类　　型	说　　明
brand	string	设备品牌
model	string	设备型号
pixelRatio	number	设备像素比
screenWidth	number	屏幕宽度，单位 px
screenHeight	number	屏幕高度，单位 px
windowWidth	number	可使用窗口宽度，单位 px
windowHeight	number	可使用窗口高度，单位 px
statusBarHeight	number	状态栏的高度，单位 px
language	string	微信设置的语言
version	string	微信版本号
system	string	操作系统及版本
platform	string	客户端平台
fontSizeSetting	number	用户字体大小（单位 px）。以微信客户端「我 - 设置 - 通用 - 字体大小」中的设置为准
SDKVersion	string	客户端基础库版本

2. 函数 Object wx.getSystemInfoSync() 的返回值 Object res 的主要属性说明如表5.43所示。

5.17.5 总结与思考

1．本案例涉及如下知识要点：

（1）异步获取设备系统信息的 API 函数 wx.getSystemInfo 的使用方法。

（2）同步获取设备系统信息的 API 函数 wx.getSystemInfoSync() 的使用方法。

2．请思考以下问题：设备信息主要包括哪些内容？这些信息属于哪个函数的哪个参数的属性？

案例 5.18 导航栏

5.18.1 案例描述

设计一个小程序，利用 API 函数设置导航栏的标题和颜色，显示和隐藏导航栏加载动画。

5.18.2 实现效果

根据案例描述，可以设计如图 5.21 所示运行效果的小程序。初始界面如图 5.21（a）所示，当在输入框中输入导航栏的新标题后，点击"设置标题"按钮，此时标题栏的新标题将被设置，当点击"设置颜色"按钮后，导航栏的颜色将由白色以动画方式逐渐变为红色，如图 5.21（b）所示。当点击"加载动画"按钮后，导航栏将出现加载的动画效果，如图 5.21（c）所示，当点击"停止动画"按钮时，加载动画效果将消失。

（a）初始界面

（b）设置导航栏标题和颜色

（c）加载动画效果

图 5.21　导航栏案例运行效果

5.18.3 案例实现

1. 编写 index.wxml 文件代码。小程序界面主要由 1 个 input 组件和 4 个 button 组件构成。

（1）input 组件绑定了 inputTitle 事件函数，并采用 input 来设置样式

（2）4 个 button 组件分别绑定了 setNavigationBarTitle、setNavigationBarColor、showNavigationBarLoading、hideNavigationBarLoding 事件函数，并利用 .btnLayout 和 button 来设置布局和样式。

index.wxml 文件：

```
<!--index.wxml-->
<view class='box'>
  <view class='title'>导航栏</view>
  <input placeholder=' 请输入导航栏新标题' bindblur='inputTitle'></input>
  <view class='btnLayout'>
    <button type='primary' bindtap='setNavigationBarTitle'>设置标题</button>
    <button type='primary' bindtap='setNavigationBarColor'>设置颜色</button>
  </view>
  <view class='btnLayout'>
    <button type='primary' bindtap='showNavigationBarLoading'>加载动画</button>
    <button type='primary' bindtap='hideNavigationBarLoding'>停止动画</button>
  </view>
</view>
```

2. 编写 index.wxss 文件代码。文件定义了 3 个样式：input、.btnLayout、button。

index.wxss 文件：

```
/*index.wxss*/
input{
    border-bottom:1px solid blue;    /* 设置 input 组件下边框线 1px，实线、蓝色 */
    margin:30rpx 20rpx;               /* 设置上下外边距 30rpx，左右外边距 20rpx*/
}
.btnLayout{
    /* 设置 button 组件的布局 */
    display:flex;                     /* 设置布局方式为 flex*/
    flex-direction:row;               /* 设置水平方向为主轴方向 */
    justify-content:space-around;     /* 组件沿主轴方向平均分布，两边留有一半的间隔空间 */
    margin-bottom:20rpx;              /* 设置下边距为 20rpx*/
}
button{
    width:45%;/* 组件宽度为 45%*/
}
```

3. 编写 index.js 文件代码。文件主要定义了 5 个事件函数：inputTitle、setNavigationBarTitle、setNavigationBarColor、showNavigationBarLoading、hideNavigationBarLoding。inputTitle 函数用于获取 input 组件中输入的导航栏标题文本，setNavigationBarTitle 用于设置导航栏标题，setNavigationBarColor 用于设置导航栏颜色，showNavigationBarLoading 用于设置导航栏加载

动画效果，hideNavigationBarLoding 用于隐藏导航栏加载动画。

index.js 文件：

```
//index.js
Page({
  data:{
    title:''                                // 初始化 title
  },
  inputTitle:function(e){
    this.setData({
      title:e.detail.value                  // 将 input 组件的 value 值赋值给 title
    })
  },
  setNavigationBarTitle:function(){
    let title=this.data.title;
    wx.setNavigationBarTitle({              // 设置导航栏标题文本
      title:title           // 将局部变量 title 赋值给函数参数 title（导航栏标题）
    })
  },
  setNavigationBarColor:function(){
    wx.setNavigationBarColor({              // 设置导航栏颜色
      frontColor:'#ffffff',                 // 前景色
      backgroundColor:'#ff0000',            // 背景色
      animation:{
        duration:4000,                      // 动画时长
        timingFunc:'easeInOut'              // 动画方式
      }
    })
  },
  showNavigationBarLoading:function(){
    wx.showNavigationBarLoading()           // 显示加载动画
  },
  hideNavigationBarLoding:function(){
    wx.hideNavigationBarLoading()           // 隐藏加载动画
  }
})
```

5.18.4 相关知识

本案例涉及设置导航栏（NavigationBar）的 4 个 API 函数，函数说明如表 5.44 所示。

表 5.44　导航栏 API 函数说明

API 函数	函数功能
wx.setNavigationBarTitle(Object object)	动态设置当前导航栏的标题
wx.setNavigationBarColor(Object object)	设置页面导航栏颜色
wx.showNavigationBarLoading(Object object)	在当前页面显示导航栏加载动画
wx.hideNavigationBarLoading(Object object)	在当前页面隐藏导航栏加载动画

1. 函数 wx.setNavigationBarTitle(Object object) 的参数 Object object 除了包含 success、fail 和 complete 三个回调函数外，还包含了 string 类型的页面标题 title。

2. 函数 wx.setNavigationBarColor(Object object) 的参数 Object object 除了包含 success、fail 和 complete 三个回调函数外，还包含了如表 5.45 所示的其他属性。

表 5.45　函数 wx.setNavigationBarTitle(Object object) 的参数属性说明

属　　性	类　　型	必　　填	说　　明
frontColor	string	是	前景颜色值，包括按钮、标题、状态栏的颜色，仅支持 #ffffff 和 #000000
backgroundColor	string	是	背景颜色值，有效值为十六进制颜色
animation	object	是	动画效果

object.animation 的属性如表 5.46 所示。

表 5.46　object.animation 的属性说明

属　　性	类　　型	默　认　值	必　　填	说　　明
duration	number	0	否	动画变化时间，单位 ms
timingFunc	string	linear	否	动画变化方式

object.animation.timingFunc 的合法值如表 5.47 所示。

表 5.47　object.animation.timingFunc 的合法值

值	说　　明	值	说　　明
linear	动画从头到尾的速度是相同的	easeOut	动画以低速结束
easeIn	动画以低速开始	easeInOut	动画以低速开始和结束

3. 函数 wx.showNavigationBarLoading(Object object) 的参数 Object object 的属性只包含 success、fail 和 complete 三个回调函数。

4. 函数 wx.hideNavigationBarLoading(Object object) 的参数 Object object 的属性只包含 success、fail 和 complete 三个回调函数。

5.18.5　总结与思考

1. 本案例主要涉及如下知识要点：
（1）API 函数 wx.setNavigationBarTitle(Object object) 的使用方法。
（2）API 函数 wx.setNavigationBarColor(Object object) 的使用方法。
（3）API 函数 wx.showNavigationBarLoading(Object object) 的使用方法。
（4）API 函数 wx.hideNavigationBarLoading(Object object) 的使用方法。

2. 请思考如下问题：导航栏的标题动画效果是由哪个函数的参数的什么属性来设置的？

案例 5.19 标签栏

5.19.1 案例描述

设计一个对利用 API 函数操作标签栏的小程序,包括:显示与隐藏标签栏、添加与删除标记、显示与隐藏红点、设置标签栏整体样式和单项样式以及还原标签样式等。

5.19.2 实现效果

根据案例描述,可以设计如图 5.22 所示运行效果的小程序。

初始界面如图 5.22(a)所示,小程序包括 5 个标签:首页、教学、科研、资讯和关于我们,首页标签中包含 9 个按钮。当点击"隐藏标签"按钮时,所有标签将被隐藏,如图 5.22(b)所示,点击"显示标签"按钮时,所有标签显示。

当点击"设置标记"按钮时,在"资讯"标签的右上角将显示"10"标记,如图 5.22(c)所示,当点击"删除标记"按钮时,该标记将不再显示。

当点击"显示红点"按钮时,将在"教学"标签右上角显示一个红点,如图 5.22(d)所示,当点击"隐藏红点"按钮时,该红点将被隐藏。

当点击"设置整体样式"按钮时,整个标签栏的背景颜色将变为黄色,未选中字体的颜色变为蓝色,选中字体的颜色变为红色,如图 5.22(e)所示。

当点击"设置单项样式"按钮时,最后一个标签"关于我们"的图标和文字都发生了变化,如图 5.22(f)所示。

当点击"还原标签栏样式"按钮时,标签栏的单项样式和整体样式都恢复到初始界面时标签栏的样式。

(a)初始界面

(b)隐藏标签

(c)设置标记

图 5.22 标签栏案例的运行效果

（d）显示红点　　　　　　　（e）设置整体样式　　　　　　（f）设置单项样式

图 5.22　标签栏案例的运行效果（续）

5.19.3　案例实现

1. 编写 app.json 文件代码。该文件生成了 5 个标签和 5 个页面，具体实现过程与"案例 3.1 小程序的基本架构"案例相同，这里就不再赘述。

app.json 文件：

```
{
  "pages":[
    "pages/index/index",
    "pages/jiaoxue/jiaoxue",
    "pages/keyan/keyan",
    "pages/zixun/zixun",
    "pages/guanyu/guanyu"
  ],
  "window":{
    "navigationBarBackgroundColor":"#fff",
    "navigationBarTitleText":"北方工业大学欢迎您",
    "navigationBarTextStyle":"black",
    "backgroundColor":""
  },
  "tabBar":{
    "color":"#000",
    "selectedColor":"#00f",
    "list":[
      {
        "pagePath":"pages/index/index",
        "text":"首页",
```

```
            "iconPath":"/images/home-off.png",
            "selectedIconPath":"/images/home-on.png"
        },
        {
            "pagePath":"pages/jiaoxue/jiaoxue",
            "text":" 教学 ",
            "iconPath":"/images/jiaoxue-off.png",
            "selectedIconPath":"/images/jiaoxue-on.png"
        },
        {
            "pagePath":"pages/keyan/keyan",
            "text":" 科研 ",
            "iconPath":"/images/keyan-off.png",
            "selectedIconPath":"/images/keyan-on.png"
        },
        {
            "pagePath":"pages/zixun/zixun",
            "text":" 资讯 ",
            "iconPath":"/images/zixun-off.png",
            "selectedIconPath":"/images/zixun-on.png"
        },
        {
            "pagePath":"pages/guanyu/guanyu",
            "text":" 关于我们 ",
            "iconPath":"/images/guanyu-off.png",
            "selectedIconPath":"/images/guanyu-on.png"
        }
    ]
  },
  "sitemapLocation":"sitemap.json"
}
```

2. 编写 index.wxml 文件代码。小程序的界面主要由 9 个按钮构成，按钮的布局通过 .btnLayout 样式来实现，按钮的宽度利用 button 样式来设置，每个按钮都绑定了相应的事件函数。

index.wxml 文件：

```
<!--index.wxml-->
<view class='box'>
  <view class='title'>TabBar 设置 </view>
  <view class='btnLayout'>
    <button type='primary' bindtap='showTabBar'> 显示标签 </button>
    <button type='primary' bindtap='hideTabBar'> 隐藏标签 </button>
  </view>
  <view class='btnLayout'>
    <button type='primary' bindtap='setTabBarBadge'> 设置标记 </button>
    <button type='primary' bindtap='removeTabBarBadge'> 删除标记 </button>
  </view>
```

```
<view class='btnLayout'>
  <button type='primary' bindtap='showTabBarRedDot'>显示红点</button>
  <button type='primary' bindtap='hideTabBarRedDot'>隐藏红点</button>
</view>
<view class='btnLayout'>
  <button type='primary' bindtap='setTabBarStyle'>设置整体样式</button>
  <button type='primary' bindtap='setTabBarItem'>设置单项样式</button>
</view>
<button type='primary' bindtap='reset' style='width:95%;'>还原标签栏样式</button>
</view>
```

3. 编写 index.wxss 文件代码。代码定义了 2 种样式：.btnLayout 和 button。

index.wxss 文件：

```
/*index.wxss*/

.btnLayout{
    /* 设置 button 组件的布局 */
    display:flex;                          /* 设置布局方式为 flex*/
    flex-direction:row;                    /* 设置水平方向为主轴方向 */
    justify-content:space-around;          /* 设置组件沿主轴方向平均分布，两边留有一半的间隔空间 */
    margin-bottom:20rpx;                   /* 设置下边距为 20rpx*/
}

button{
    width:45%;                             /* 组件宽度为 45%*/
}
```

4. 编写 index.js 文件代码。文件定义了 9 个按钮绑定的 9 个事件函数：showTabBar、hideTabBar、setTabBarBadge、removeTabBarBadge、showTabBarRedDot、hideTabBarRedDot、setTabBarStyle、setTabBarItem、reset，在这些函数中通过调用相应的 API 函数，实现对标签的操作，包括：显示标签、隐藏标签、设置标签标记、删除标签标记、显示标签红点、隐藏标签红点、设置标签栏整体样式、设置标签栏单项样式、还原标签栏样式。

index.js 文件：

```
//index.js
Page({
  showTabBar:function(){
    wx.showTabBar({                 //显示标签
      aniamtion:true,               //显示动画
    })
  },
  hideTabBar:function(){
    wx.hideTabBar({                 //隐藏标签
      aniamtion:true,
```

```
    })
  },
  setTabBarBadge:function(){
    wx.setTabBarBadge({            //设置标记
      index:3,                     //第4个标签
      text:'10',
    })
  },
  removeTabBarBadge:function(){
    wx.removeTabBarBadge({         //隐藏标记
      index:3,
    })
  },
  showTabBarRedDot:function(){
    wx.showTabBarRedDot({          //显示红点
      index:1,
    })
  },
  hideTabBarRedDot:function(){
    wx.hideTabBarRedDot({          //隐藏红点
      index:1,
    })
  },
  setTabBarStyle:function(){
    wx.setTabBarStyle({            //设置标签整体样式
      color:'#ff0000',
      selectedColor:'#0000ff',
      backgroundColor:'#ffff00',
      borderStyle:'',
    })
  },
  setTabBarItem:function(){
    wx.setTabBarItem({             //设置单项标签样式
      index:4,
      text:'云开发',
      iconPath:'/images/cloud.png',
      selectedIconPath:'/images/cloud-selected.png',
    })
  },
  reset:function(){                //还原标签样式
    wx.setTabBarStyle({            //还原标签整体样式
      color:'#000000',
      selectedColor:'#00ff00',
      backgroundColor:'#fff',
      borderStyle:'',
    })
    wx.setTabBarItem({             //还原第5个标签样式
      index:4,
      text:'关于我们',
```

```
        iconPath:'/images/guanyu-off.png',
        selectedIconPath:'/images/guanyu-on.png',
      })
    },
})
```

5.19.4 相关知识

本案例主要涉及与 tabBar 有关的 8 个 API 函数，如表 5.48 所示。

表 5.48　与 TabBar 有关的 API 函数

函　　数	说　　明
wx.showTabBar(Object object)	显示 tabBar
wx.hideTabBar(Object object)	隐藏 tabBar
wx.setTabBarBadge(Object object)	为 tabBar 某一项的右上角添加标记文本
wx.removeTabBarBadge(Object object)	移除 tabBar 某一项右上角的标记文本
wx.showTabBarRedDot(Object object)	显示 tabBar 某一项的右上角的红点
wx.hideTabBarRedDot(Object object)	隐藏 tabBar 某一项的右上角的红点
wx.setTabBarStyle(Object object)	动态设置 tabBar 的整体样式
wx.setTabBarItem(Object object)	动态设置 tabBar 某一项标签的内容

1. 函数 wx.showTabBar(Object object) 和 wx.hideTabBar(Object object)。其参数 object 的属性除了 success、fail 和 complete 三个回调函数外，还包括 boolean 类型的属性 animation，表示"是否需要动画效果"。

2. 函数 wx.setTabBarBadge(Object object)。其参数 object 的属性如表 5.49 所示。

表 5.49　函数 wx.setTabBarBadge(Object object) 的参数属性

属　性	类　型	必　填	说　明
index	number	是	tabBar 的哪一项，从左边算起
text	string	是	显示的文本，超过 4 个字符则显示成 ...
success	function	否	接口调用成功的回调函数
fail	function	否	接口调用失败的回调函数
complete	function	否	接口调用结束的回调函数（调用成功、失败都会执行）

3. 函数 wx.removeTabBarBadge(Object object)。其参数 object 的属性如表 5.49 所示，只是缺少 text 属性。

4. 函数 wx.showTabBarRedDot(Object object) 和 wx.hideTabBarRedDot(Object object)。其参数 object 的属性如表 5.49 所示，只是缺少 text 属性。

5. 函数 wx.setTabBarStyle(Object object)。其参数 object 的属性除了 success、fail 和

complete 三个回调函数外,还包括如表 5.50 所示的属性。

表 5.50　函数 wx.setTabBarStyle(Object object) 参数的主要属性

属　性	类　型	默 认 值	必　填	说　明
color	string		是	tab 上的文字默认颜色,HexColor
selectedColor	string		是	tab 上的文字选中时的颜色,HexColor
backgroundColor	string		是	tab 的背景色,HexColor
borderStyle	string		是	tabBar 上边框的颜色,仅支持 black/white

6. 函数 wx.setTabBarItem(Object object)。其参数 object 的属性除了 success、fail 和 complete 三个回调函数外,还包括如表 5.51 所示的属性。

表 5.51　函数 wx.setTabBarItem(Object object) 参数的主要属性

属　性	类　型	必　填	说　明
index	number	是	tabBar 的哪一项,从左边算起
text	string	否	tab 上的按钮文字
iconPath	string	否	图片路径,icon 大小限制为 40KB,建议尺寸为 81px * 81px,当 postion 为 top 时,此参数无效,不支持网络图片
selectedIconPath	string	否	选中时的图片路径,icon 大小限制为 40KB,建议尺寸为 81px * 81px,当 postion 为 top 时,此参数无效

5.19.5　总结与思考

1. 本案例主要涉及与 tabBar 有关的 8 个 API 函数的使用方法。
2. 请思考以下问题:在什么情况下使用标签标记?

案例 5.20　操作菜单

5.20.1　案例描述

设计一个小程序,当点击按钮时显示操作菜单,当点击操作菜单的某一个菜单项时,显示该菜单项的名称和序号。

5.20.2　实现效果

根据案例描述,可以设计如图 5.23 所示运行效果的小程序。初始界面如图 5.23(a)所示,当点击"显示 ActionSheet"按钮时,屏幕下方弹出操作菜单,如图 5.23(b)所示。当选择某一菜单项时,该菜单项的下标及文本将显示在按钮下方,如图 5.23(c)所示。

（a）初始界面　　　　　　　　（b）显示操作菜单　　　　　　　（c）选择操作菜单项

图 5.23　操作菜单案例运行效果

5.20.3　案例实现

1. 编写 index.wxml 文件代码。该案例界面只有 1 个按钮和 2 行显示信息的文本，因此文件代码中主要由 button 和 view 组件构成，button 组件绑定了 showActionSheet 事件函数。文件中绑定了 2 个数据：tapIndex 和 tapItem，分别用来显示操作菜单项的下标和文本。

index.wxml 文件：

```
<!--index.wxml-->
<view class='box'>
  <view class='title'>ActionSheet 示例 </view>
  <button type='primary' bindtap='showActionSheet'>显示 ActionSheet</button>
  <view>你点击的菜单项下标是: {{tapIndex}}</view>
  <view>你点击的菜单项是: {{tapItem}}</view>
</view>
```

2. 编写 index.wxss 文件代码。本文件定义了 button,view 样式，用于设置这 2 种组件的外边距。

index.wxss 文件：

```
/*index.wxss*/
button,view{
  margin:20px;
}
```

3. 编写 index.js 文件代码。文件代码主要定义了 showActionSheet 事件函数，该函数用来显示操作菜单，点击菜单项后显示被点击菜单项的下标和文本。

index.js 文件：

```
//index.js
var myItemList=['第一项','第二项','第三项','第四项']
Page({
  showActionSheet:function(){
    var that=this;
    wx.showActionSheet({                         // 调用 API 函数显示操作菜单
      itemList:myItemList,                       // 操作菜单项列表
      itemColor:'#0000FF',                       // 操作菜单项文字颜色
      success:function(res){
        console.log(myItemList)
        that.setData({
          tapIndex:res.tapIndex,                 // 点击的菜单项序号
          tapItem:myItemList[res.tapIndex]       // 点击的菜单项
        })
      },
      fail:function(res){
        that.setData({
          tapIndex:-1,
          tapItem:'取消'
        })
      },
      complete:function(res){},
    })
  }
})
```

5.20.4 相关知识

本案例使用了显示操作菜单的 API 函数 wx.showActionSheet(Object object)。参数 Object object 的属性除了 success、fail 和 complete 三个回调函数外，还包含了如表 5.52 所示的其他 2 个属性。

表 5.52 函数 wx.showActionSheet(Object object) 的参数 Object object 的属性说明

属 性	类 型	默 认 值	必 填	说 明
itemList	array.<string>		是	按钮的文字数组，数组长度最大为 6
itemColor	string	#000000	否	按钮的文字颜色

object.success 回调函数参数 Object res 的 number 类型属性 tapIndex 表示用户点击的按钮序号，该序号从上到下排序，从 0 开始。

5.20.5 总结与思考

1. 本案例主要利用 API 函数 wx.showActionSheet(Object object) 实现了对操作菜单的使用。
2. 请思考如下问题：操作菜单是从上到下排序还是从下向上排序？第一个操作菜单的序号是 1 还是 0？

第 6 章 云开发

本章概要

云开发为开发者提供了完整的原生云端支持和微信服务支持，弱化了后端和运维概念，无须搭建服务器，使用平台提供的 API 即可进行核心业务开发，实现快速上线和迭代。云开发支持的功能包括云函数、数据库、存储和云调用。

本章设计了 4 个案例，演示了小程序云开发的方法和技巧，包括：获取 OpenID、文件上传下载、数据库操作、云函数的应用方法和技巧。

学习目标

- 了解云开发功能
- 理解云开发提供的云存储、云数据库、云函数功能
- 掌握常用的云开发 API 的使用方法

案例 6.1 获取 OpenID

1　　2

6.1.1 案例描述

设计一个小程序，显示当前用户的头像和昵称，并获取用户的 OpenID。当点击用户的头像时，则会在页面下方显示出用户的性别、城市等详细信息。

6.1.2 实现效果

根据案例描述，可以设计如图 6.1 所示运行效果的小程序。初始界面显示当前用户的头像和昵称，如图 6.1（a）所示；调用云函数 login 成功后则会显示用户的 OpenID，如图 6.1（b）所示；点击用户的头像后，页面下方则显示出用户的详细信息，如图 6.1（c）所示。

（a）初始界面　　　　　　　（b）获取到用户 OpenID　　　　　（c）显示用户详细信息

图 6.1　获取 OpenID 案例运行效果

6.1.3 案例实现

1. 编写 index.wxml 文件代码。该案例界面显示用户头像和昵称，另一个 text 组件绑定数据 openID。显示用户头像的 image 组件绑定了 getDetail 事件函数，最后的 view 组件绑定数据 hasUserInfo 的值作为是否显示的条件，其内部的 text 组件绑定了数据 detail。

index.wxml 文件：

```
<!--pages/index/index.wxml-->
<view class='box'>
  <view class='title'>获取 OpenID</view>
    <block wx:if="{{!hasUserInfo}}">
      <button wx:if="{{canIUse}}" open-type="getUserInfo" bindgetuserinfo="getUserInfo"> 获取头像昵称 </button>
```

```
    <text wx:else> 请升级微信版本，使用 1.3.0 或以上的基础库以支持 open-type 按钮
获取用户公开信息！</text>
  </block>
  <view wx:else class='userinfo'>
    <image bindtap='getDetail' class='userinfo-avatar' src='{{userInfo.avatarUrl}}'mode='cover'></image>
    <text class='userinfo-nickname'>{{userInfo.nickName}}</text>
  </view>
  <view class='user-openid'>
    <text>{{openID}}</text>
  </view>
  <view class='user-detail' wx:if='{{hasUserInfo}}'>
    <text>{{detail}}</text>
  </view>
</view>
```

2. 编写 index.wxss 文件代码。本文件定义了 page、.userinfo、.user-openid、.user-detail 等样式，用于设置组件的位置、边距、文本格式等。

index.wxss 文件：

```
/*pages/index/index.wxss*/
page{
  font-size:14px;
}
.userinfo{
  display:flex;
  flex-direction:column;
  align-items:center;
}

.userinfo-avatar{
  width:128rpx;
  height:128rpx;
  margin:20rpx;
  border-radius:50%;
}

.userinfo-nickname{
  color:#aaa;
}

.user-openid{
  margin:60rpx 30rpx;
  color:blue;
}

.user-detail{
  margin:60rpx 30rpx;
  text-align:left;
```

```
    color:black
}
```

3. 编写 index.js 文件代码。文件代码主要定义了监听页面加载的 onLoad 函数，以及 getOpenID 和 getUserInfo、getDetail 事件函数。onLoad 函数和 getUserInfo 函数的主要功能都是获取用户的公开信息并保存在变量 userInfo 中。getDetail 函数将用户的性别、城市等详细信息组织成一个字符串，存储在变量 detailStr 中，然后数据传递给 detail 变量渲染页面。getOpenID 函数调用了云函数 login 从微信后台获取当前用户的 OpenID，云函数 login 的定义文件在云函数专有路径"cloudfunctions/login/"下面。

index.js 文件：

```
//pages/index/index.js
Page({

  /**
   * 页面的初始数据
   */
  data:{
    userInfo:{}, //用户公开信息
    hasUserInfo:false, //是否获取了用户公开信息
    canIUse:wx.canIUse('button.open-type.getUserInfo'),
    //是否支持使用 getUserInfo 按钮
    openID:'', //用户身份 ID 信息
    detail:'点击头像显示你的详细信息'   //用户详细信息
  },

  /**
   * 生命周期函数 -- 监听页面加载
   */
  onLoad:function(options){
    wx.getSetting({ //调用接口获取用户的当前设置
      success:res=>{ //调用成功时的回调函数
        if(res.authSetting['scope.userInfo']) {
          //如果已经授权，可以直接调用 getUserInfo 获取头像昵称，不会弹框
          wx.getUserInfo({ //调用接口获取用户公开信息
            success:res=>{ //调用成功时的回调函数
              this.setData({ //设置页面绑定数据
                userInfo:res.userInfo,
                hasUserInfo:true
              })
            }
          })
        }
      }
    })
    this.getOpenID() //调用 getOpenID 函数
  },
```

```
getUserInfo:function(e){    //定义getUserInfo按钮的单击事件函数
  console.log(e)
  if(e.detail.userInfo){
  //如果返回参数中包含userInfo数据，则已经获取了用户公开信息
    this.setData({    //设置页面绑定数据
      userInfo:e.detail.userInfo,
      hasUserInfo:true
    })
  } else{    //否则就显示模态对话框，提示授权失败信息
    wx.showModal({
      title:e.detail.errMsg,
      content:'小程序需要用户授权获取公开信息才可以继续。',
    })
  }
},

//定义获取用户OpenID的函数
getOpenID:function() {
  var that=this;
  wx.showLoading({    //显示加载提示框
    title:'获取openID。。。',
  })
  wx.cloud.callFunction({    //调用云函数
    name:'login',    //函数名称
    data:{},    //函数参数
    complete:res=>{    //调用完成时的回调函数
      wx.hideLoading()    //隐藏加载提示框
    },
    success:res=>{    //调用成功时的回调函数
      console.log('[云函数] [login] user openid: ',res.result.openid)
      that.setData({    //设置页面绑定数据
        openID:'[云函数]获取openID成功: '+res.result.openid,
      })
    },
    fail:err=> {    //调用失败时的回调函数
      console.error('[云函数] [login] 调用失败',err)
      that.setData({    //设置页面绑定数据
        openID:'[云函数]获取openID失败'+err
      })
    }
  })
},
//定义获取用户详细信息的函数
getDetail:function(){
  var userInf=this.data.userInfo;
  var gender=(userInf.gender==1)?"男":(userInf.gender==2)?"女":"未知";
  var detailStr="性别: "+gender;
  detailStr=detailStr+"\n 国家: "+userInf.country;
```

```
        detailStr=detailStr+"\n 省份: "+userInf.province;
        detailStr=detailStr+"\n 城市: "+userInf.city;
        this.setData({  // 设置页面绑定数据
          detail:detailStr
        })
      }
    })
```

4. 本案例中使用的云函数 login 来自于云开发 QuickStart 项目提供的云函数模板，文件保存于专门路径 "cloudfunctions/login/" 中，其内容如下。

cloudfunctions/login/index.js 文件：

```
// 云函数模板
// 部署：在 cloud-functions/login 文件夹右击选择 "上传并部署"

const cloud=require('wx-server-sdk')// 引用云开发支持库
cloud.init()// 初始化云开发环境

/**
 * 这个示例将经自动鉴权过的小程序用户 openid 返回给小程序端
 *
 * event 参数包含小程序端调用传入的 data
 *
 */
exports.main=(event,context)=>{// 开放云函数接口，供小程序端调用
    console.log(event)
    console.log(context)

    // 可执行其他自定义逻辑
    //console.log 的内容可以在云开发云函数调用日志查看

    // 获取 WX Context（微信调用上下文），包括 OPENID、APPID、及 UNIONID（需满足
UNIONID 获取条件）
    const wxContext=cloud.getWXContext()

    return{// 返回数据
        event,
        openid:wxContext.OPENID,
        appid:wxContext.APPID,
        unionid:wxContext.UNIONID,
    }
}
```

6.1.4 相关知识

本案例使用了微信小程序的云开发功能，无须搭建服务器，即可使用云端功能。云开发提供了几大基础功能支持，如表 6.1 所示。

表 6.1 云开发提供的基础功能

功　能	作　用	说　明
云函数	无须自建服务器	在云端运行的代码，微信私有协议天然鉴权，开发者只需编写自身业务逻辑代码
数据库	无须自建数据库	一个既可在小程序前端操作，也能在云函数中读写的 JSON 数据库
存储	无须自建存储和 CDN	在小程序前端直接上传/下载云端文件，在云开发控制台可视化管理
云调用	原生微信服务集成	基于云函数免鉴权使用小程序开放接口的功能，包括服务端调用、获取开放数据等功能

为了完成自己的网络业务，微信小程序通常需要配备后台服务器。早期阶段，没有云开发的支持，开发者需要自己搭建服务器并编写服务器端业务程序以及提供接口程序来响应前端请求。为了实现自己业务侧用户的便捷登录，开发者往往需要打通业务账号和微信账号，先拿到用户的微信身份 id，再绑定业务侧的用户身份 id，用户即可通过静默授权的方式登录。完成这个过程首先需要调用 wx.login() 从微信后台服务器获取到微信登录凭证 code，然后用 wx.request 把 code 传到开发者服务器，开发者服务器通过 code 和其他信息（AppId 和 AppSecret）到微信后台服务器换取用户 id，然后校验业务侧用户身份之后将业务用户 id 和微信用户 id 进行绑定，生成自己业务的登录凭证 SessionID，返回 SessionID 到前端后，即可在下一次 wx.request 时带上 SessionID。

微信服务器提供的获取用户身份 id 的接口地址是：https://api.weixin.qq.com/sns/jscode2session?appid=<AppId>&secret=<AppSecret>&js_code=<code>&grant_type=authorization_code，请求参数合法的话，接口会返回的字段如表 6.2 所示。

表 6.2 微信服务器提供的获取用户身份 id 的接口返回数据

字　段	描　述
openid	微信用户的唯一标识身份 id
session_key	开发者服务器和微信服务器的会话密钥
unionid	用户在微信开放平台的唯一标识符。本字段在满足一定条件的情况下才返回

这里的 openid 就是微信用户的身份 id，可以用这个 id 来区分不同的微信用户。而 session_key 则是微信服务器给开发者服务器颁发的身份凭证，开发者可以用 session_key 请求微信服务器其他接口来获取一些其他信息。

当前，云开发为开发者提供了完整的原生云端支持和微信服务支持，弱化了后端和运维概念，无须搭建服务器，使用平台提供的 API 即可进行核心业务开发，实现快速上线和迭代。同时，这一功能同开发者已经使用的其他云服务相互兼容，并不互斥。

在云开发功能的支持下，云端运行的代码（云函数）使用微信私有协议天然鉴权，开发者只需编写自身业务逻辑代码即可。如本案例中即是调用了云函数 login 获取了用户的 OpenID。而在 login 函数中主要是初始化 "wx-server-sdk" 包支持的云开发环境：

· 235

```
const cloud=require('wx-server-sdk')
cloud.init()
```

从而获取微信调用上下文 Context，包括 OPENID、APPID 及 UNIONID（需满足 UNIONID 获取条件），然后将这些数据返回给小程序前端页面：

```
exports.main=(event,context)=>{
  const wxContext=cloud.getWXContext()
  return{
    event,
    openid:wxContext.OPENID,
    appid:wxContext.APPID,
    unionid:wxContext.UNIONID,
  }
}
```

6.1.5　总结与思考

1. 本案例主要使用了微信小程序的云开发功能，通过调用云函数获取了当前用户的 OpenId。
2. 请思考如下问题：云开发提供了哪些基础功能支持？

案例 6.2　文件上传下载

6.2.1　案例描述

设计一个小程序，利用云开发支持的存储功能，将文件上传至云存储区，或从云存储区下载文件。这里以图片文件为例。

6.2.2　实现效果

根据案例描述，可以设计如图 6.2 所示运行效果的小程序。初始界面如图 6.2（a）所示，当点击"上传图片"按钮时，可以拍照或从手机相册选择一张图片上传。上传成功后页面下方出现提示信息，并且"下载图片"按钮变为可见，如图 6.2（b）所示。当点击"下载图片"按钮，可以将该图片下载至本地，页面下方显示提示信息及图片的缩略图，如图 6.2（c）所示。若点击图片缩略图则可以浏览对应大图。

6.2.3　案例实现

1. 编写 index.wxml 文件代码。该案例界面上有 2 个按钮和一些文本以及 1 个图片，主要由 view、button、text、image 组件构成，2 个 button 组件分别绑定了 doUpload 和 doDownload 事件函数，"下载图片"按钮绑定了数据 uploadSuccess 作为其显示的条件。显示上传成功信息的 view 组件也绑定了数据 uploadSuccess 作为其显示的条件，显示下载成功信息的 view 组件则绑定了数据 downloadSuccess 作为其显示的条件。文件中的 text 组件分别绑定了数据 fileID 和 cloudPath，用来显示相应的信息。image 组件绑定了数据 downloadedFilePath 作为其图片文件源，同时绑定了 previewImg 事件函数。

(a) 初始界面　　　　　　(b) 上传文件成功　　　　　(c) 下载文件成功

图 6.2　文件上传下载案例运行效果

index.wxml 文件：

```
<!--pages/index/index.wxml-->
<view class='box'>
  <view class='title'>文件上传/下载</view>
  <view class="Hcontainer">
    <button type='primary' bindtap="doUpload">上传图片</button>
    <button type='primary' wx:if="{{uploadSuccess}}" bindtap="doDownload">下载图片</button>
  </view>
  <view wx:if="{{uploadSuccess}}" class="list">
    <text class="list-title">上传成功</text>
    <view class="list-item">
      <text>文件 ID: {{fileID}}</text>
    </view>
    <view class="list-item">
      <text>云文件路径: {{cloudPath}}</text>
    </view>
  </view>
  <view wx:if='{{downloadSuccess}}' class="list">
    <text class="list-title">下载成功</text>
    <text class='list-text'>点击缩略图可预览图片</text>
    <view class='image-container'>
      <image src="{{downloadedFilePath}}" mode="aspectFit" bindtap="previewImg"></image>
    </view>
  </view>
</view>
```

2. 编写 index.wxss 文件代码。本文件定义了 .Hcontainer 样式，用于设置 2 个 button 组件的水平排列方式，定义了按钮的样式 .opButton 和信息显示的样式 .list、.list-title、.list-text、.list-item，以及图片布局样式 .image-container 和图片组件 image 的样式。

index.wxss 文件：

```css
/*pages/index/index.wxss*/

.Hcontainer{
  margin:100rpx 0rpx 50rpx;
  padding:0 50rpx;
  display:flex;
  flex-direction:row;
  justify-content:space-around;
}

.opButton{
  color:white;
  background-color:#0f0;
  border-radius:10px;
}

.list{
  margin-top:40rpx;
  width:100%;
  padding:0 40rpx;
  border:1px solid rgba(0,0,0,0.1);
  border-left:none;
  border-right:none;
  display:flex;
  flex-direction:column;
  align-items:flex-start;
  box-sizing:border-box;
}

.list-title{
  margin:20rpx;
  color:black;
  font-size:28px;
  font-style:bold;
  display:block;
}

.list-item{
  width:100%;
  padding:10rpx;
  font-size:16px;
  color:#007aff;
  border-top:1px solid rgba(0,0,0,0.1);
```

```
  box-sizing:border-box;
}

.list-text{
  color:red;
  font-size:12px;
  display:block;
}

.image-container{
  display:flex;
  flex-direction:column;
  align-items:center;
}

.image-container image{
  max-width:30%;
  max-height:10vh;
  margin-top:20rpx;
  border:1px solid #e0e0e0;
}
```

3. 编写 index.js 文件代码。文件代码主要定义了 fileID、cloudPath、imagePath、downloadedFilePath 等页面数据变量和 doUpload、doDownload 等事件函数。doUpload 函数用来实现图片文件的上传，首先判断 fileID 是否为空字符串，若不为空则说明是前一次上传的文件 id，就先将该文件删除（此处只是举例，实际应用中不必做此操作）；其次调用接口 wx.chooseImage 进行拍照或从相册选择一张照片，成功则保存文件的临时路径；最后调用接口 wx.cloud.uploadFile 将文件上传到云空间存储区，设置数据 fileID 、imagePath、uploadSuccess 等渲染页面。doDownload 函数用来实现图片文件的下载，通过调用接口 wx.cloud.downloadFile 将之前上传到云空间存储区的图片文件下载到本地，成功后即设置数据 downloadedFilePath、downloadSuccess 渲染页面。本文件最后还定义 previewImg 事件函数，通过调用接口 wx.previewImage 实现了图片的预览功能。

index.js 文件：

```
//pages/index/index.js
Page({

  /**
   * 页面的初始数据
   */
  data:{
    fileID:'',                       // 上传文件的 ID
    cloudPath:'',                    // 上传文件的云端路径
    imagePath:'',                    // 上传图片的本地临时路径
    downloadedFilePath:'',           // 图片下载后的本地临时路径
    uploadSuccess:false,             // 文件是否上传成功的标记
```

```
    downloadSuccess:false          // 文件是否下载成功的标记
},
// 图片上传事件函数
doUpload:function(){
  var that=this;
  const fileID=this.data.fileID;
  if(fileID != ''){                // 如果之前上传了图片（fileID 不为空）则删除之
    wx.cloud.deleteFile({
      fileList:[fileID]            // 要删除的文件 ID 的数组
    })
  }
  // 选择图片
  wx.chooseImage({                 // 调用接口选择图片
    count:1,                       // 图片数量
    sizeType:['compressed'],       // 尺寸类型
    sourceType:['album','camera'], // 图片来源
    success:function(res){         // 调用成功时的回调函数
      wx.showLoading({             // 显示加载提示框
        title:' 上传中 ',
      })
      const filePath=res.tempFilePaths[0]    // 保存上传文件的临时路径
      console.log("filePath:",filePath)
      // 上传图片
      const cloudPath='img'+Date.now()+filePath.match(/\.[^.]+?$/)[0]
      wx.cloud.uploadFile({        // 调用接口上传文件
        cloudPath,                 // 文件的云端路径
        filePath,                  // 文件的本地临时路径
        success:res=>{             // 调用成功时的回调函数
          console.log('[ 上传文件 ] 成功: ',res)
          that.setData({           // 设置页面绑定数据
            uploadSuccess:true,
            downloadSuccess:false,
            fileID:res.fileID,
            cloudPath:cloudPath,
            imagePath:filePath,
            downloadedFilePath:''
          })
        },
        fail:e=>{                  // 调用失败时的回调函数
          console.error('[ 上传文件 ] 失败: ',e);
          that.setData({           // 设置页面绑定数据
            uploadSuccess:false,
            fileID:'',
            cloudPath:'',
            imagePath:''
          })
          wx.showToast({           // 显示消息提示框
            icon:'none',
            title:' 上传失败 ',
```

```
          })
        },
        complete:()=>{            // 调用完成时的回调函数
          wx.hideLoading()        // 隐藏加载提示框
        }
      })
    },
    fail:e=>{                     // 调用失败时的回调函数
      console.error(e)
    }
  })
},
// 图片下载事件函数
doDownload:function(){
  var that=this;
  wx.showLoading({                // 显示加载提示框
    title:'下载中',
  })
  wx.cloud.downloadFile({         // 调用接口下载文件
    fileID:that.data.fileID,      // 云端文件 ID
    success:res=>{                // 调用成功时的回调函数
      console.log("下载文件成功:",res)
      that.setData({              // 设置页面绑定数据
        downloadSuccess:true,
        downloadedFilePath:res.tempFilePath
      })
      wx:wx.showModal({           // 显示模态对话框
        title:'文件下载成功',
        content:'文件路径: '+that.data.downloadedFilePath,
        showCancel:false,
        confirmText:'确定',
        confirmColor:'#0000ff',
      })
    },
    fail:err=>{                   // 调用失败时的回调函数
      that.setData({              // 设置页面绑定数据
        downloadSuccess:false,
        downloadedFilePath:''
      })
    },
    complete:()=>{                // 调用完成时的回调函数
      wx.hideLoading()            // 隐藏加载提示框
    }
  })
},
// 图片预览事件函数
previewImg:function(){
  wx.previewImage({               // 调用接口预览图片
    current:'',                   // 当前显示图片的 http 链接
```

```
        urls:[this.data.downloadedFilePath]      //需要预览的图片url的数组
      })
    }
  })
```

6.2.4 相关知识

本案例使用了云开发的存储功能。云开发提供了一块存储空间，提供了上传文件到云端、带权限管理的云端下载功能，开发者可以在小程序端和云函数端通过 API 使用云存储功能。

若需要使用云开发功能，可以在创建小程序项目时即选择"小程序云开发"后端服务，如图 6.3 所示。

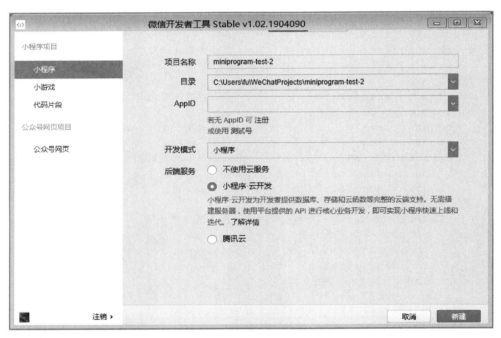

图 6.3 新建小程序项目时选择云开发服务

也可以在项目创建之后的 app.js 文件中，在 App 对象定义的 onLaunch 事件函数中添加如下代码增加对云开发服务的支持：

```
if(!wx.cloud){
  console.error('请使用 2.2.3 或以上的基础库以使用云能力')
}else{
  wx.cloud.init({
    traceUser:true,
  })
}
```

在"微信开发者工具"中，当前项目支持云开发服务时，工具栏上会出现"云开发"功能按钮,如图 6.4 所示。

图 6.4　工具栏上的"云开发"功能按钮

单击"云开发"按钮可以打开"云开发控制台"查看运营分析、各种云端资源以及对云开发环境进行设置,如图 6.5 所示。

图 6.5　云开发控制台

本案例中分别调用了云开发接口 wx.cloud.uploadFile(Object object)、wx.cloud.downloadFile(Object object) 和 wx.cloud.deleteFile(Object object),实现了云端文件的上传、下载和删除操作。

1. wx.cloud.uploadFile(Object object) 可以将本地资源上传至云存储空间,如果上传至同一路径则是覆盖写。请求参数 object 的属性如表 6.3 所示。

表 6.3　函数 wx.cloud.uploadFile(Object object) 的参数 object 的属性说明

字　段	数据类型	必　填	默　认　值	说　明
cloudPath	string	是		云存储路径
filePath	string	是		要上传文件资源的路径
header	object	否	-	HTTP 请求 Header, header 中不能设置 Referer
config	object	否	-	配置

续上表

字 段	数 据 类 型	必 填	默 认 值	说 明
success				成功回调
fail				失败回调
complete				结束回调

其中 config 对象的定义如表 6.4 所示。

表 6.4 config 对象的定义

字 段	数 据 类 型	说 明
env	string	使用的环境 ID，填写后忽略 init 指定的环境

success 回调函数的返回参数的属性如表 6.5 所示。

表 6.5 success 回调函数的返回参数的属性说明

字 段	数 据 类 型	说 明
fileID	string	文件 ID
statusCode	number	服务器返回的 HTTP 状态码

fail 回调函数的返回参数的属性如表 6.6 所示。

表 6.6 fail 回调函数的返回参数的属性说明

字 段	数 据 类 型	说 明
errCode	number	错误码
errMsg	string	错误信息，格式 apiName:fail msg

接口调用的返回值是一个 UploadTask 对象，通过 UploadTask 对象可监听上传进度变化事件，以及取消上传任务。

2．wx.cloud.downloadFile(Object object) 可以从云存储空间下载文件到本地，其请求参数 object 的属性如表 6.7 所示。

表 6.7 函数 wx.cloud.downloadFile(Object object) 的参数 object 的属性说明

字 段	数 据 类 型	必 填	默 认 值	说 明
fileID	string	是	-	云文件 ID
config	object	否	-	配置
success				成功回调
fail				失败回调
complete				结束回调

其中 config 对象的定义如表 6.8 所示。

表 6.8 config 对象的定义

字　段	数 据 类 型	说　明
env	string	使用的环境 ID，填写后忽略 init 指定的环境

success 回调函数的返回参数的属性如表 6.9 所示。

表 6.9 success 回调函数的返回参数的属性说明

字　段	数 据 类 型	说　明
tempFilePath	string	临时文件路径
statusCode	number	服务器返回的 HTTP 状态码

fail 回调函数的返回参数的属性如表 6.10 所示。

表 6.10 fail 回调函数的返回参数的属性说明

字　段	数 据 类 型	说　明
errCode	number	错误码
errMsg	string	错误信息，格式 apiName:fail msg

3. wx.cloud.deleteFile(Object object) 可以从云存储空间删除文件，一次最多 50 个，其请求参数 object 的属性如表 6.11 所示。

表 6.11 函数 wx.cloud.deleteFile(Object object) 的参数 object 的属性说明

字　段	数 据 类 型	必　填	默 认 值	说　明
fileList	string[]	是	-	云文件 ID 字符串数组
config	object	否	-	配置
success				成功回调
fail				失败回调
complete				结束回调

其中 config 对象的定义如表 6.12 所示。

表 6.12 config 对象的定义

字　段	数 据 类 型	说　明
env	string	使用的环境 ID，填写后忽略 init 指定的环境

success 回调函数的返回参数的属性如表 6.13 所示。

表 6.13　success 回调函数的返回参数的属性说明

字　　段	数 据 类 型	说　　明
fileList	object[]	删除结果列表，列表中的每一个对象的定义见下表

fileList 列表中对象的属性如表 6.14 所示。

表 6.14　fileList 列表中对象的属性说明

字　　段	数 据 类 型	说　　明
fileID	string	云文件 ID
status	number	状态码，0 为成功
errMsg	string	成功为 ok，失败为失败原因

fail 回调函数的返回参数的属性如表 6.15 所示。

表 6.15　fail 回调函数的返回参数的属性说明

字　　段	数 据 类 型	说　　明
errCode	number	错误码
errMsg	string	错误信息，格式 apiName:fail msg

6.2.5　总结与思考

1. 本案例主要利用 API 函数 wx.cloud.uploadFile(Object object) 和 wx.cloud.downloadFile(Object object) 实现了云空间文件的上传和下载操作。

2. 请思考如下问题：上传和下载文件时可以同时选择多个文件吗？如何实现？

案例 6.3　数据库操作

1　　2

6.3.1　案例描述

设计一个小程序，利用云开发支持的数据库功能，演示记录的增、删、改、查操作。此处使用云开发数据库中已建立的 "work_done" 集合，包含日期字符串 date、时间字符串 time 和工作内容字符串 content 等字段，也包含系统自动添加的记录编号 _id 和用户身份 _openid 字段。

6.3.2　实现效果

根据案例描述，可以设计如图 6.6、图 6.7、图 6.8 和图 6.9 所示运行效果的小程序。初始界面如图 6.6（a）所示，当点击 "查" 按钮时，屏幕下方显示操作表单，如图 6.6（b）所示，当正确输入日期字符串（如 2019-6-7）并点击 "确定" 按钮后，页面下方显示出操作结果信息，即列出查询到的记录的信息，如图 6.6（c）所示。

（a）初始界面　　　　　　（b）显示查询记录操作表单　　　　（c）显示查询操作结果

图 6.6　查询数据运行效果

当点击"增"按钮时，屏幕下方显示操作表单，如图 6.7（a）所示，当输入了已完成的工作内容并点击"确定"按钮后，弹出"新增记录成功"消息提示框并在页面下方显示出操作结果信息，即显示新添加记录的编号 _id，如图 6.7（b）所示。

当点击"改"按钮时，屏幕下方显示操作表单，如图 6.8（a）所示，此处需正确输入要更新的记录编号 _id 和更新内容，如图 6.8（b）所示，点击"确定"按钮后，页面下方显示出操作结果信息，即列出原记录和更新后的记录的工作内容 content 字段，如图 6.8（c）所示。

（a）显示添加记录操作表单　　　　　（b）显示新增操作结果

图 6.7　添加记录运行效果

· 247

（a）显示更新记录操作表单　　　　（b）输入编号和更新内容　　　　（c）显示更新操作结果

图 6.8　更新记录运行效果

当点击"删"按钮时，屏幕下方显示操作表单，如图 6.9（a）所示，正确输入要删除的记录编号 _id 并点击"确定"按钮后，页面下方显示出操作结果信息，即显示被删除的记录的信息，如图 6.9（b）所示。

（a）显示删除记录操作表单　　　　（b）显示删除操作结果

图 6.9　删除记录运行效果

6.3.3 案例实现

1. 编写 index.wxml 文件代码。该案例界面有 4 个按钮、1 个表单和一些显示信息的文本，文件代码中主要由 view、button、form 和 text 组件构成。最上面的 4 个 button 组件分别绑定了 addRecord、deleteRecord、updateRecord 和 queryRecord 事件函数和影响其背景颜色的数据 opName。接下来的 4 个 view 组件也绑定了数据 opName 决定其是否显示，其内部的 form 组件根据 opName 的值不同分别绑定了 doAdd、doDelete、doUpdate 和 doQuery 事件函数，form 中有一些 text、input、textarea 和 button 等组件，用于显示、输入信息或提交表单。form 组件下面是显示操作结果的 view 组件，绑定了数据 finished 作为其显示条件，内部的 text 组件绑定了数据 opResult 和 resData。

index.wxml 文件：

```
<!--pages/index/index.wxml-->
<view class="box">
  <view class='title'>数据库操作</view>
  <text class="preNote">请点击相应按钮，实现在数据库中增加、删除、更新或查询记录的操作。。。</text>
  <view class="Hcontainer">
    <button class='DBbutton' bindtap="addRecord" style='background-color:{{opName=="add"?"#ae57a4":"blue"}}'>增</button>
    <button class='DBbutton' bindtap="deleteRecord" style='background-color:{{opName=="del"?"#ae57a4":"blue"}}'>删</button>
    <button class='DBbutton' bindtap="updateRecord" style='background-color:{{opName=="upd"?"#ae57a4":"blue"}}'>改</button>
    <button class='DBbutton' bindtap="queryRecord" style='background-color:{{opName=="qry"?"#ae57a4":"blue"}}'>查</button>
  </view>
  <view wx:if="{{opName=='add'}}">
    <!-- 新增记录 -->
    <view class="record-op" style='{{opName!=""?"border:1px solid #00007f":""}}'>
      <form bindsubmit='doAdd'>
        <text class="op-note">添加一件今日已完成的工作：</text>
        <textarea name="workContent" class="content-input" maxlength="50" placeholder="事情描述（不超过50个字）" auto-height adjust-position cursor-spacing='20px'></textarea>
        <button form-type='submit' type='primary'>确定</button>
      </form>
    </view>
    <view wx:if="{{finished}}" class="op-result">
      <text class="headline">操作结果信息：</text>
      <text class='text-title'>{{opResult}}</text>
      <text class="list" selectable>{{resData}}</text>
    </view>
  </view>
  <view wx:if="{{opName=='del'}}">
    <!-- 删除记录 -->
    <view class="record-op" style='{{opName!=""?"border:1px solid
```

```
#00007f":""}}'>
            <form bindsubmit='doDelete'>
                <text class="op-note">指定删除item的ID: </text>
                <input name="itemID" class="line-input" maxlength="32" placeholder="itemID(32位字符串)" />
                <button form-type='submit' type='primary'>确定</button>
            </form>
        </view>
        <view wx:if="{{finished}}" class="op-result">
            <text class="headline">操作结果信息: </text>
            <text class='text-title'>{{opResult}}</text>
            <text class="list" selectable>{{resData._id}}: {{resData.date}}{{resData.time}}{{resData.content}}</text>
            <text class='text-title'>{{opResult2}}</text>
        </view>
    </view>
    <view wx:if="{{opName=='upd'}}">
        <!-- 更新记录 -->
        <view class="record-op" style='{{opName!=""?"border:1px solid #00007f":""}}'>
            <form bindsubmit='doUpdate'>
                <text class="op-note">指定更新item的ID: </text>
                <input name="itemID" class="line-input" maxlength="32" placeholder="itemID(32位字符串)" />
                <text class="op-note">输入更新的内容: </text>
                <textarea name="workContent" class="content-input" maxlength="50" placeholder="事情描述(不超过50个字)" auto-height adjust-position cursor-spacing='20px'></textarea>
                <button form-type='submit' type='primary'>确定</button>
            </form>
        </view>
        <view wx:if="{{finished}}" class="op-result">
            <text class="headline">操作结果信息: </text>
            <text class='text-title'>{{opResult}}</text>
            <text class="list" selectable>{{resData._id}}: {{resData.date}}{{resData.time}}{{resData.content}}</text>
            <text class='text-title'>{{opResult2}}</text>
            <text class="list" selectable>{{resData2}}</text>
        </view>
    </view>
    <view wx:if="{{opName=='qry'}}">
        <!-- 查询记录 -->
        <view class="record-op" style='{{opName!=""?"border:1px solid #00007f":""}}'>
            <form bindsubmit='doQuery'>
                <text class="op-note">指定查询日期(年-月-日,不需要无效的0): </text>
                <input name="workDate" class="line-input" maxlength="10" placeholder="事件日期(年-月-日)" />
                <button form-type='submit' type='primary'>确定</button>
```

```
      </form>
    </view>
    <view wx:if="{{finished}}" class="op-result">
      <text class="headline">操作结果信息: </text>
      <text class='text-title'>{{opResult}}</text>
      <block wx:for='{{resData}}' wx:key='{{item._id}}'>
        <text class="list" selectable>{{item._id}}: {{item.date}}{{item.time}}{{item.content}}</text>
      </block>
    </view>
  </view>
</view>
```

2. 编写 index.wxss 文件代码。本文件定义了 .Hcontainer 样式，用于设置数据库操作的 4 个 button 组件的水平排列方式，定义了样式 .preNote 用于设置按钮上方提示信息的 text 组件的格式，定义了按钮的样式 .DBbutton 和表单的布局样式 .record-op 及其内部的文本组件样式 .op-note 和输入样式 .line-input 、.content-input 等。文件中还定义了显示操作结果的布局组件的样式 .op-result 及其内部用于显示信息的 text 组件的样式 .headline、.text-title 和 .list。

index.wxss 文件：

```
/*pages/index/index.wxss*/
.preNote{
  padding:20px;
  font-size:32rpx;
  line-height:40rpx;
  color:#666;
  box-sizing:border-box;
}

.Hcontainer{
  margin:20rpx 0rpx;
  padding:0 50rpx;
  display:flex;
  flex-direction:row;
  justify-content:space-around;
}

.DBbutton{
  width:100rpx;
  color:white;
  background-color:blue;
}

.record-op{
  margin:10rpx;
  padding:20rpx;
  box-sizing:border-box;
```

```css
}

.op-note{
  color:#000;
  font-size:14px;
}

.content-input{
  width:90%;
  padding:20rpx;
  margin:20rpx;
  min-height:200rpx;
  border:1px solid #ccc;
  box-sizing:border-box;
}

.op-result{
  padding:10rpx;
  box-sizing:border-box;
  display:flex;
  flex-direction:column;
}

.op-result.headline{
  margin-top:50rpx;
  font-size:40rpx;
  font-weight:bold;
  color:blue;
}

.op-result.text-title{
  margin-top:20rpx;
  margin-bottom:10rpx;
  padding-left:20rpx;
  padding-right:20rpx;
  font-size:14px;
  color:red;
}

.op-result.list{
  margin-top:20rpx;
  font-size:28rpx;
  color:black;
  display:block;
}

.line-input{
  min-height:30px;
  line-height:20px;
```

```
    width:100%;
    padding:5px;
    margin:10px 0;
    display:inline-block;
    border:1px solid #ccc;
    border-radius:5px;
    box-sizing:border-box;
}
```

3. 编写 index.js 文件代码。文件代码主要定义了 openid、opName、opResult、resData 等页面数据变量，定义了 addRecord、deleteRecord、updateRecord、queryRecord 按钮点击事件函数和 doAdd、doDelete、doUpdate、doQuery 数据库操作事件函数。

（1）addRecord 等函数用来设置页面数据 opName 的值，从而显示对应的数据库操作表单，doAdd 等函数则通过调用接口实现具体的数据库操作。

（2）doAdd 函数中调用接口 db.collection(String collectionName).add(Object object) 向指定集合中添加一条记录，字段数据包括 date、time 和 content，如果操作成功则设置数据 finished 为 true 渲染页面，从而显示操作结果信息，即新添加记录的编号 _id。

（3）doDelete 函数中首先调用接口 db.collection(String collectionName).doc(String recordID).get(Object object) 在指定集合中查询指定 id 的一条记录，若查询成功，则调用接口 db.collection(String collectionName).doc(String recordID).remove(Object object) 删除该记录，删除成功后设置数据 finished 为 true 渲染页面，从而显示操作结果信息，即被删除的记录内容。

（4）doUpdate 函数中首先调用接口 db.collection(String collectionName).doc(String recordID).get(Object object) 在指定集合中查询指定 id 的一条记录，若查询成功，则调用接口 db.collection(String collectionName).doc(String recordID).update(Object object) 更新该记录，更新的字段 content 的内容由用户输入，更新成功后则设置数据 finished 为 true 渲染页面，从而显示操作结果信息，包括被更新的记录内容及其更新后的 content 字段内容。

（5）doQuery 函数中调用接口 db.collection(String collectionName).where(Object rule).get(Object object) 在指定集合中查询符合指定条件的记录，查询条件是记录的创建日期 date 字段，其内容由用户输入，如果查询成功则设置数据 finished 为 true 渲染页面，从而显示操作结果信息，即查询到的记录信息。

index.js 文件：

```
//pages/index/index.js
Page({
  data:{
    opName:"",              // 数据库操作名称，如 'add''qry' 等
    opResult:"",            // 数据库操作结果字符串
    opResult2:"",           // 数据库操作结果字符串 2
    resData:null,           // 数据库操作结果数据
    resData2:null,          // 数据库操作结果数据 2
    finished:false          // 数据库操作是否完成的标记
  },
  // "增" 按钮点击事件函数
```

```
    addRecord:function(){
      this.setData({
        opName:"add",
        finished:false
      })
    },
    // "删"按钮点击事件函数
    deleteRecord:function(){
      this.setData({
        opName:"del",
        finished:false
      })
    },
    // "改"按钮点击事件函数
    updateRecord:function(){
      this.setData({
        opName:"upd",
        finished:false
      })
    },
    // "查"按钮点击事件函数
    queryRecord:function(){
      this.setData({
        opName:"qry",
        finished:false
      })
    },
    // 拼接日期字符串的函数
    makeDateString:function(dateObj){
        return dateObj.getFullYear()+'-'+(dateObj.getMonth()+1)+'-'+dateObj.getDate();
    },
    // 拼接时间字符串的函数
    makeTimeString:function(dateObj){
        return dateObj.getHours()+':'+dateObj.getMinutes()+':'+dateObj.getSeconds();
    },
    // 添加记录事件函数
    doAdd:function(e){
      console.log(e)
      var workContent=e.detail.value.workContent
      if(workContent!=""){         // 如果用户输入内容不为空
        const db=wx.cloud.database()     // 调用接口返回云开发数据库引用保存在常量db中
        var myDate=new Date()
        db.collection('work_done').add({    // 向集合'work_done'中添加一条记录
          data:{                    // 一条记录的字段数据
            date:this.makeDateString(myDate),    // 日期字符串
            time:this.makeTimeString(myDate),    // 时间字符串
            content:workContent                  // 工作内容字符串
```

```
        },
        complete:res=>{                              // 操作完成时的回调函数
          this.setData({
            finished:true
          })
        },
        success:res=>{                               // 操作成功时的回调函数
          // 在返回结果中会包含新创建的记录的 _id
          this.setData({
            opResult:"操作完成,新增一条记录,_id为: \n ",
            resData:res._id
          })
          wx.showToast({
            title:'新增记录成功',
          })
          console.log('[数据库] [新增记录] 成功,记录 _id:',res._id)
        },
        fail:err=>{// 操作失败时的回调函数
          wx.showToast({
            icon:'none',
            title:'新增记录失败'
          })
          console.error('[数据库] [新增记录] 失败: ',err)
        }
      })
    } else{
      wx.showToast({
        title:'请输入事情描述!',
      })
    }
  },
  // 删除记录事件函数
  doDelete:function(e){
    console.log(e)
    var that=this
    var itemID=e.detail.value.itemID
    if(itemID != ""){                    // 如果用户输入的记录 id 不为空
      const db=wx.cloud.database()       // 调用接口返回云开发数据库引用保存在常量 db 中
      db.collection('work_done').doc(itemID).get({     // 从集合 'work_done'
中查询 id 为 itemID 的记录
        success:res=>{                             // 操作成功时的回调函数
          console.log(res)
          this.setData({
            opResult:'查询记录成功: \n',
            resData:res.data
          })
          db.collection('work_done').doc(itemID).remove({    // 操作接口从
集合 'work_done' 中删除这条记录
            complete:res=>{ // 操作完成时的回调函数
```

```
            that.setData({
              finished:true
            })
          },
          success:res=>{            // 操作成功时的回调函数
            console.log('[数据库] [删除记录] 成功:',res)
            that.setData({
              opResult2:'已成功删除上面的记录。'
            })
          },
          fail:err=>{               // 操作失败时的回调函数
            wx.showToast({
              icon:'none',
              title:'删除记录失败'
            })
            console.error('[数据库] [删除记录] 失败: ',err)
          }
        })
      },
      fail:err=>{                   // 操作失败时的回调函数
        wx.showToast({
          icon:'none',
          title:'查询记录失败'
        })
        console.error('[数据库] [查询记录] 失败: ',err)
      }
    })
  } else{
    wx.showToast({
      title:'请输入itemID！',
    })
  }
},
// 更新记录事件函数
doUpdate:function(e){
  console.log(e)
  var that=this
  var itemID=e.detail.value.itemID
  var workContent=e.detail.value.workContent
  if(itemID != ""){              // 如果用户输入的记录id不为空
    const db=wx.cloud.database()   // 调用接口返回云开发数据库引用保存在常量db中
    db.collection('work_done').doc(itemID).get({// 从集合'work_done'中查询id为itemID的记录
      success:res=>{            // 操作成功时的回调函数
        this.setData({
          opResult:'查询记录成功: \n',
          resData:res.data
        })
        db.collection('work_done').doc(itemID).update({// 更新集合
```

'work_done'中的这条记录
```
            data:{
              content:workContent,
            },
            complete:res=>{             // 操作完成时的回调函数
              that.setData({
                finished:true
              })
            },
            success:res=>{              // 操作成功时的回调函数
              console.log('[数据库] [更新记录] 成功:',res)
              that.setData({
                opResult2:'已成功更新上面的记录内容为: \n',
                resData2:workContent
              })
            },
            fail:err=>{                 // 操作失败时的回调函数
              wx.showToast({
                icon:'none',
                title:'更新记录失败'
              })
              console.error('[数据库] [更新记录] 失败: ',err)
            }
          })
        },
        fail:err=>{                     // 操作失败时的回调函数
          wx.showToast({
            icon:'none',
            title:'查询记录失败'
          })
          console.error('[数据库] [查询记录] 失败: ',err)
        }
      })
    } else{
      wx.showToast({
        title:'请输入itemID！',
      })
    }
  },
  // 查询记录事件函数
  doQuery:function(e){
    console.log(e)
    var workDate=e.detail.value.workDate
    if(workDate != ""){                 // 如果用户输入的日期字符串不为空
      const db=wx.cloud.database()      // 调用接口返回云开发数据库引用保存在常量db中
      db.collection('work_done').where({ // 从集合'work_done'中查询记录(最多二十条)
        date:workDate                   // 记录创建日期
      }).get({
```

```
            complete:res=>{                        // 操作完成时的回调函数
              this.setData({
                finished:true
              })
            },
            success:res=>{                         // 操作成功时的回调函数
              this.setData({
                opResult:"操作完成,查询到"+res.data.length+"条记录: \n ",
                resData:res.data
              })
              console.log('[数据库] [查询记录] 成功:',res)
            },
            fail:err=>{                            // 操作失败时的回调函数
              wx.showToast({
                icon:'none',
                title:'查询记录失败'
              })
              console.error('[数据库] [查询记录] 失败: ',err)
            }
          })
        } else{
          wx.showToast({
            title:'请输入查询日期! ',
          })
        }
      }
    })
```

6.3.4 相关知识

本案例使用了云开发的数据库功能。云开发提供的数据库是一个 JSON 数据库（文档型），即库中的每条记录都是一个 JSON 格式的对象。一个数据库可以有多个集合（相当于关系型数据库中的表），集合可以看作为一个 JSON 数组，数组中的每个对象就是一条记录，记录的格式也是 JSON 对象。关系型数据库和 JSON 数据库的概念对应关系如表 6.16 所示。

表 6.16 关系型数据库和 JSON 数据库的概念对应关系表

关 系 型	文 档 型	关 系 型	文 档 型
数据库 database	数据库 database	行 row	记录 record/doc
表 table	集合 collection	列 column	字段 field

在云开发提供的数据库中，字段类型既可以是字符串或数字，还可以是对象或数组，就是一个 JSON 对象。每条记录都有一个 _id 字段作为唯一标志、一个 _openid 字段用以标志记录的创建者，即小程序的用户。需要特别注意的是，在管理端（控制台或云函数）中创建的记录不会有 _openid 字段，因为这是属于管理员创建的记录。开发者可以自定义 _id，但不可自定义和修改 _openid。_openid 是在记录创建时由系统根据小程序用户的身份默认创建的，开发者可以用其来标识和定位记录。

云开发提供的数据库 API 分为小程序端和服务端两部分，小程序端 API 拥有严格的调用权限控制，开发者可在小程序内直接调用 API 进行非敏感数据的操作。对于有更高安全要求的数据，可在云函数内通过服务端 API 进行操作。云函数的环境是与客户端完全隔离的，在云函数上可以私密且安全地操作数据库。

本案例中使用的集合"work_done"是在"云开发控制台"中创建的，创建方法如图 6.10 所示。

数据库 API 包含增、删、改、查的功能，使用 API 操作数据库只需三步：获取数据库引用、构造查询/更新条件、发出请求。本案例中，首先通过调用接口 wx.cloud.database() 获取了数据库的引用 db，然后使用了数据库 API 进行相应的数据库操作，包括：

添加记录的方法 db.collection(String collectionName).add(Object object)。

查询记录的方法 db.collection(String collectionName).doc(String recordID).get(Object object) 和 db.collection(String collectionName).where(Object rule).get(Object object)。

删除记录的方法 db.collection(String collectionName).doc(String recordID).remove(Object object)。

图 6.10　在云开发控制台中管理数据库

更新记录的方法 db.collection(String collectionName).doc(String recordID).update(Object object)。

1. collection.add 方法可以在集合上新增记录，其格式为：

`function add(Object object)`

object 为必填参数，其属性如表 6.17 所示。

表 6.17 add 方法的参数 object 的属性说明

属 性	类 型	必 填	说 明
data	object	是	新增记录的定义
success	function	否	成功回调，回调传入的参数 res 包含查询的结果，是新增的记录的 id（string 或 number 类型）
fail	function	否	失败回调
complete	function	否	调用结束的回调函数（调用成功、失败都会执行）

2. document.get 方法可以获取记录数据，其格式为：

`function get(Object object)`

object 是一个可选的对象参数，其属性如表 6.18 所示。

表 6.18 get 方法的参数 object 的属性说明

属 性	类 型	必 填	说 明
success	function	否	成功回调，回调传入的参数 res 是查询到的记录的数据（object 类型）
fail	function	否	失败回调
complete	function	否	调用结束的回调函数（调用成功、失败都会执行）

3. collection.where.get 方法可以获取根据查询条件筛选后的集合数据，其格式为：

`function where(Object rule).get(Object object)`

rule 是一个必填对象参数，用于定义筛选条件。object 是一个可选的对象参数，其属性亦如表 6.18 所示。

4. document.remove 方法可以删除一条记录，其格式为：

`function remove(Object object)`

object 为必填参数，其属性如表 6.19 所示。

表 6.19　remove 方法的参数 object 的属性说明

属　性	类　型	必　填	说　明
success	function	否	成功回调，回调传入的参数 res 包含查询的结果，是更新结果的统计（object 类型），其中包含的字段是成功删除的记录数量，在此只可能为 0 或 1
fail	function	否	失败回调
complete	function	否	调用结束的回调函数（调用成功、失败都会执行）

5. document.update 方法可以更新一条记录，其格式为：

function update(Object object)

object 为必填参数，其属性如表 6.20 所示。

表 6.20　update 方法的参数 object 的属性说明

字 段 名	类　型	必　填	说　明
data	object	是	更新对象
success	function	否	成功回调，回调传入的参数 res 是更新结果的统计（object 类型）。其中包含的字段是成功更新的记录数量，在此只可能为 0 或 1
fail	function	否	失败回调
complete	function	否	调用结束的回调函数（调用成功、失败都会执行）

6.3.5　总结与思考

1. 本案例主要演示了云开发数据库的增、删、改、查操作。
2. 请思考如下问题：有哪些方法可以实现在云数据库中创建新的集合？

案例 6.4　云函数应用

6.4.1　案例描述

设计一个小程序，展示云函数的应用，通过调用自己设计的云函数查询云数据库，对用户输入的信息（用户名和密码）进行验证。

6.4.2　实现效果

根据案例描述，可以设计如图 6.11 和图 6.12 所示运行效果的小程序。初始界面如图 6.11（a）所示，当用户输入用户名和密码并点击 "提交" 按钮时，显示调用云函数 checkUser 的消息提示框，如图 6.11（b）所示，验证完成后在按钮下方的页面显示验证结果，用户名不存在的情况如图 6.11（c）所示。

（a）初始界面　　　　　　　（b）提交用户名和密码信息　　　　（c）验证用户名不存在情况

图 6.11　用户信息不存在时的验证结果

验证用户密码错误的情况如图 6.12（a）所示，验证成功的情况如图 6.12（b）、（c）所示。

（a）验证密码错误情况　　　　　（b）验证成功的情况－Ⅰ　　　　　（c）验证成功的情况－Ⅱ

图 6.12　验证用户信息成功和失败时的结果

6.4.3　案例实现

1. 编写 index.wxml 文件代码。该案例界面有 1 个文本输入框、1 个密码输入框和 1 个按钮，文件代码中主要由 view、form、input 和 button 组件构成，form 组件绑定了 callFunction 事件函数。文件末尾的 text 组件绑定了数据 result，用来显示验证结果信息。

index.wxml 文件：

```
<!--pages/index/index.wxml-->
<view class='box'>
```

```
    <view class='title'>云函数</view>
    <form bindsubmit='callFunction'>
      <view class='Vcontainer'>
        <view class='Hcontainer'>
          <text class='input-label'>用户名:</text>
          <input class='line-input' placeholder="此处输入用户名" placeholder-class='placeholder' type='text' name='username' maxlength='16'></input>
        </view>
        <view class='Hcontainer'>
          <text decode='true' space='emsp' class='input-label'>密  码:</text>
          <input class='line-input' placeholder="此处输入密码" placeholder-class='placeholder' type='password' name='password' maxlength='16'></input>
        </view>
      </view>
      <view style='height:150rpx;'>
        <button type='primary' form-type='submit'>提交</button>
      </view>
    </form>
    <view class='op-result'>云函数返回结果:
      <text>{{result}}
      </text>
    </view>
</view>
```

2. 编写 index.wxss 文件代码。本文件主要定义了 .Hcontainer 、.Vcontainer 样式用于 form 组件的布局设置，定义了 .line-input 样式用于设置 input 组件的格式，定义了 .op-result 样式用于设置验证结果信息的显示格式。

index.wxss 文件：

```
/*pages/index/index.wxss*/

.Hcontainer{
  margin:10rpx 0;
  display:flex;
  flex-direction:row;
  align-content:flex-start;
}

.Vcontainer{
  margin:60rpx 0 20rpx;
  display:flex;
  flex-direction:column;
  align-content:flex-start;
}

.input-label{
  width:150rpx;
```

```css
}
.line-input{
  padding:5px;
  border:1px solid #ccc;
  /*box-sizing:border-box;*/
}
.placeholder{
  font-size:16px;
}
.op-result{
  padding:10rpx;
  color:blue;
  box-sizing:border-box;
  display:flex;
  flex-direction:column;
}
```

3. 编写 index.js 文件代码。文件代码主要定义了页面数据变量 result 和事件函数 callFunction，该函数用来调用云函数 checkUser，验证用户输入的用户名和密码信息。

index.js 文件：

```js
//pages/index/index.js
Page({
  data:{
    result:''                              // 函数调用结果字符串
  },
  // 云函数调用事件函数
  callFunction:function(e){
    console.log(e)
    var that=this;
    const username=e.detail.value.username,
      password=e.detail.value.password;
    if(username>''){                       // 如果用户输入的用户名不为空
      wx.showLoading({
        title:'调用 checkUser...',
      })
      wx.cloud.callFunction({              // 调用云函数
        name:'checkUser',                  // 函数名称
        data:{                             // 函数参数
          username:username,               // 用户名
          password:password                // 密码
        },
        complete:res=>{                    // 调用完成时的回调函数
          wx.hideLoading()
        },
        success:res=>{                     // 调用成功时的回调函数
```

```
          console.log('[云函数] [checkUser] result:',res)
          that.setData({
            result:res.result              //云函数调用的返回结果
          })
        },
        fail:err=>{                        //调用失败时的回调函数
          console.error('[云函数] [checkUser] 调用失败',err)
          that.setData({
            result:'[云函数] [checkUser] 调用失败'
          })
        }
      })
    } else{
      wx.showToast({
        title:'用户名不能为空!',
      })
    }
  }
})
```

4. 编写云函数定义代码。在云函数 checkUser 的定义中，首先使用了 wx-server-sdk 包并初始化了云环境，然后获取了数据库引用 db，调用数据库接口 db.collection(String collectionName).where(Object object).get() 执行了查询操作，验证用户名是否存在。查询成功后即比较 password 字段是否等于用户输入的密码，从而得出"密码错误"或"验证成功"的结果。

cloudfunctions/checkUser/index.js 文件：

```
//云函数入口文件
const cloud=require('wx-server-sdk')      //引用云开发支持库
cloud.init()//初始化云环境
//云函数入口函数
exports.main=async(event,context)=>{
  console.log('event:',event)
  const username=event.username,password=event.password
  var result=''
  try{
    const db=cloud.database()              //将云数据库的引用保存在常量 db 中
    var res=await db.collection('user_list').where({
                                           //在集合 'user_list' 中查询记录
      username:username                    //用户名
    }).get()
    console.log('查询结果 res: ',res)
    if(res.data[0].password=== password){  //如果查询到的记录中的 password 字段
等于用户输入的密码
      result='验证成功'                     //设置结果字符串
    } else{
      result='密码错误'                     //设置结果字符串
    }
  } catch(e){                              //查询失败
```

```
        console.error(' 查询失败 e: ',e)
        result=' 用户名不存在 '                    // 设置结果字符串
    }

    return result                                 // 返回结果字符串
}
```

6.4.4 相关知识

本案例使用了云开发的云函数功能。云函数是一段运行在云端的代码,无须管理服务器,在开发工具内编写、一键上传部署即可在小程序端调用。各云函数完全独立,可分别部署在不同的地区,云函数之间也可互相调用。云开发的云函数的独特优势在于与微信登录鉴权的无缝整合。云函数属于管理端,在云函数中运行的代码拥有不受限的数据库读写权限和云文件读写权限。小程序内提供了专门用于云函数调用的 API,而当小程序端调用云函数时,云函数的传入参数中会被注入小程序端用户的 openid,开发者无须校验 openid 的正确性,因为微信已经完成了这部分鉴权。开发者可以在云函数内使用 wx-server-sdk 提供的 getWXContext 方法获取到每次调用的上下文(appid、openid 等),无须维护复杂的鉴权机制,即可获取天然可信任的用户登录状态(openid)。

在"微信开发者工具"中,需要将所有云函数的定义都放在一个专门的文件夹中(通常为 cloudfunctions),还要在项目根目录中找到 project.config.json 文件,新增 cloudfunctionRoot 字段,指定本地已存在的目录作为云函数的本地根目录:

```
"cloudfunctionRoot":"cloudfunctions/"
```

在云函数专门目录下,每个云函数拥有与其名称对应的单独文件夹,里面通常包含存储函数定义代码的 index.js 文件和存储配置信息的 package.json 文件,如图 6.13 所示。

图 6.13 微信开发者工具中的云函数目录

新建一个云函数时只需在云函数目录 cloudfunctions 上右击,在右键菜单中选择"新建 Node.js 云函数"选项,然后输入函数名即可,如图 6.14(a)所示。开发者工具会在本地创建出云函数目录和入口 index.js 文件，即 cloudfunctions 目录下会新增对应函数名的新文件夹，其中已包含 index.js 和 package.json 两个文件，开发者只需修改 index.js 中的云函数定义代码实现自己的功能即可。编写好云函数后，在其目录上右击选择"上传并部署"选项，将其部署到云端后就可以在小程序端调用了，如图 6.14（b）所示。

 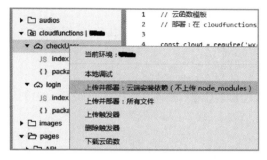

（a）新建云函数　　　　　　　　　　　　（b）部署云函数

图 6.14　新建和部署云函数

一个云函数的写法与一个在本地定义的 JavaScript 方法无异，代码运行在云端 Node.js 中。开发者可以如在 Node.js 环境中使用 JavaScript 一样在云函数中进行网络请求等操作，而且还可以通过云函数后端 SDK 搭配使用多种服务。开发者工具自动创建的云函数定义文件 index.js 中是类似如下的一个云函数模板：

```
const cloud=require('wx-server-sdk')
// 云函数入口函数
exports.main=async(event,context)=>{

}
```

可见函数的传入参数有两个，一个是 event 对象，一个是 context 对象。event 指的是触发云函数的事件，当小程序端调用云函数时，event 就是小程序端调用云函数时传入的参数，外加后端自动注入的小程序用户的 openid 和小程序的 appid。context 对象包含了此处调用的调用信息和运行状态，可以用它来了解服务运行的情况。在模板中也默认使用了 wx-server-sdk 包，这是微信官方提供的一个用于在云函数中操作数据库、存储以及调用其他云函数的库。

本案例中定义的云函数名称为 checkUser，主要功能是在云数据库集合"user_list"中查询指定的用户信息，若查询成功，则进一步判断其密码字段中的内容是否等于用户输入的密码。函数的入口文件中首先 require 了 wx-server-sdk 包，并初始化了云环境：

```
const cloud=require('wx-server-sdk')
cloud.init()
```

接着定义入口函数，传入参数 event 包含两个数据：username 和 password（用户输入的用户名和密码）：

```
const username=event.username,password=event.password
```

主体功能代码部分首先是获取云数据库的引用 db：

```
const db=cloud.database()
```

然后调用云数据库接口在集合"user_list"中查询 username 指定的用户信息：

```
var res=await db.collection('user_list').where({   //在集合'user_list'中查询记录
    username:username                               //用户名
    }).get()
```

若查询成功，则进一步判断其密码字段中的内容是否等于 password，从而确定结果字符串为"验证成功"或"密码错误"：

```
        if(res.data[0].password=== password){      //如果查询到的记录中的password
字段等于用户输入的密码
            result='验证成功'                      //设置结果字符串
        } else{
            result='密码错误'                      //设置结果字符串
        }
```

若查询失败，则确定结果字符串为"用户名不存在"：

```
result='用户名不存在'            //设置结果字符串
```

最后，使用 return 语句返回信息验证的结果字符串：

```
return result                    //返回结果字符串
```

定义并部署了云函数后，就可以在小程序中调用了，调用格式是：

```
wx.cloud.callFunction({
  name:云函数名称,
  data:云函数参数,
  success:function(res){
     调用成功时的逻辑代码
  },
  fail:function(e){
     调用失败时的逻辑代码
  }
})
```

按照此格式，本案例的小程序中对云函数 checkUser 进行了调用：

```
wx.cloud.callFunction({          //调用云函数
  name:'checkUser',              //函数名称
```

```
    data:{                          // 函数参数
      username:username,            // 用户名
      password:password             // 密码
    }
    success:res=>{                  // 调用成功时的回调函数
      console.log('[云函数] [checkUser] result:',res)
      that.setData({
        result:res.result           // 云函数调用的返回结果
      })
    },
    fail:err=>{                     // 调用失败时的回调函数
      console.error('[云函数] [checkUser] 调用失败',err)
      that.setData({
        result:'[云函数] [checkUser] 调用失败'
      })
    }
  })
```

6.4.5 总结与思考

1. 本案例主要演示了云开发中云函数的应用。
2. 请思考如下问题：云函数和本地函数的主要区别是什么？云函数都可以在哪些场景下被调用？

第7章 综合案例

本章概要

本章设计了2个综合案例:计算器和支付宝九宫格导航界面设计,演示了小程序综合案例的设计方法和技巧。

学习目标

- 掌握小程序复杂界面的设计方法
- 掌握小程序复杂逻辑过程的实现方法

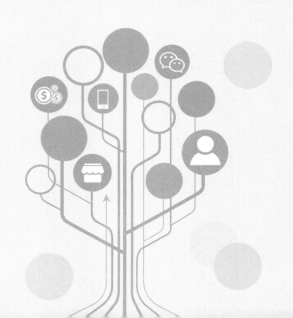

第 7 章 综合案例

案例 7.1 计算器

7.1.1 案例描述

设计一个计算器小程序，实现计算器的常用功能。

7.1.2 实现效果

小程序运行后的效果如图 7.1 所示。初始界面如图 7.1（a）所示；输入计算表达式的界面如图 7.1（b）所示，点击"="按钮后将进行计算，并给出计算结果；点击"退格"按钮将实现退格，点击"清屏"按钮将实现清屏，点击"+/-"按钮将改变符号；点击"历史"按钮将显示历史界面，如图 7.1（c）所示。

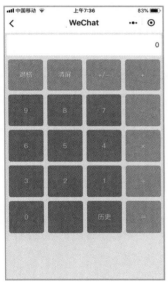
（a）初始界面

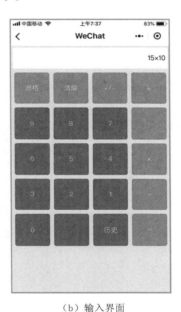
（b）输入界面　　（c）历史界面

图 7.1 计算器案例运行效果

7.1.3 案例实现

1. 编写 index.wxml 文件代码。

index.wxml 文件：

```
<!--index.wxml-->
<view class="content">
  <!-- 最上面显示输入和计算结果区域 -->
  <view class="screen">
   {{screenData}}
  </view>
  <!-- 第 1 行按钮 -->
```

```
    <view class='btnGroup'>
        <view class="item orange" bindtap="clientButton" id="{{idBack}}">退格</view>
        <view class="item orange" bindtap="clientButton" id="{{idClear}}">清屏</view>
        <view class="item orange" bindtap="clientButton" id="{{idPon}}">+/-</view>
        <view class="item orange" bindtap="clientButton" id="{{idPlus}}">+</view>
    </view>
    <!-- 第 2 行按钮 -->
    <view class='btnGroup'>
        <view class="item blue" bindtap="clientButton" id="{{id9}}">9</view>
        <view class="item blue" bindtap="clientButton" id="{{id8}}">8</view>
        <view class="item blue" bindtap="clientButton" id="{{id7}}">7</view>
        <view class="item orange" bindtap="clientButton" id="{{idMinus}}">-</view>
    </view>
    <!-- 第 3 行按钮 -->
    <view class='btnGroup'>
        <view class="item blue" bindtap="clientButton" id="{{id6}}">6</view>
        <view class="item blue" bindtap="clientButton" id="{{id5}}">5</view>
        <view class="item blue" bindtap="clientButton" id="{{id4}}">4</view>
        <view class="item orange" bindtap="clientButton" id="{{idMult}}">×</view>
    </view>
    <!-- 第 4 行按钮 -->
    <view class='btnGroup'>
        <view class="item blue" bindtap="clientButton" id="{{id3}}">3</view>
        <view class="item blue" bindtap="clientButton" id="{{id2}}">2</view>
        <view class="item blue" bindtap="clientButton" id="{{id1}}">1</view>
        <view class="item orange" bindtap="clientButton" id="{{idDiv}}">÷</view>
    </view>
    <!-- 第 5 行按钮 -->
    <view class='btnGroup'>
        <view class="item blue" bindtap="clientButton" id="{{id0}}">0</view>
        <view class="item blue" bindtap="clientButton" id="{{idPoint}}">.</view>
        <view class="item blue" bindtap="history">历史</view>
        <view class="item orange" bindtap="clientButton" id="{{idIs}}"> =</view>
    </view>
</view>
```

2. 编写 index.wxss 文件代码。

index.wxss 文件:

```
/*index.wxss*/
```

```
page{
  height:100%;
}

.content{
  margin:0;
  height:100%;
  display:flex;
  flex-direction:column;
  align-items:center;
  box-sizing:border-box;
  background:#d9eef7;
  padding-top:10rpx;
}

.screen{
  background-color:white;
  border-radius:3px;
  text-align:right;
  width:720rpx;
  height:100rpx;
  line-height:100rpx;
  padding-right:10rpx;
  margin-bottom:10rpx;
}

.btnGroup{
  display:flex;
  flex-direction:row;
}

.item{
  width:160rpx;
  min-height:150rpx;
  margin:10rpx;
  text-shadow:0 1px 1px rgba(0,0,0,0.3);
  border-radius:5px;
  text-align:center;
  line-height:150rpx;
}

.orange{
  color:#fef4e9;
  border:solid 1px #da7c0c;
  background:#f78d1d;
}

.blue{
```

```
    color:#d9eef7;
    border:solid 1px #0076a3;
    background:#0095cd;
}
```

3. 编写 index.js 文件代码。
index.js 文件:

```
//index.js
Page({
  data:{                                    // 设置每个按钮的 id 号
    idBack:"back",
    idClear:"clear",
    idPon:"+-",
    idPlus:"+",
    idMinus:"-",
    idMult:"×",
    idDiv:"÷",
    id9:"9",
    id8:"8",
    id7:"7",
    id6:"6",
    id5:"5",
    id4:"4",
    id3:"3",
    id2:"2",
    id1:"1",
    id0:"0",
    idPoint:".",
    idIs:"=",
    screenData:"0",                         // 结果栏中的数据
    lastIsOperator:false,
    arr:[],                                 // 存储结果栏中的数据
    logs:[]                                 // 存储操作日志数据
  },

  history:function(){                       // 点击"历史"按钮事件函数
    wx.navigateTo({
      url:"../list/list"
    });
  },
  clientButton:function(event){             // 点击"历史"按钮以外的其他按钮事件函数
    var id=event.target.id;                 // 获取点击按钮的 id 号
    var data=this.data.screenData;          // 获取结果栏中的数据
    if(id==this.data.idBack)                // 如果点击"退格"按钮
    {
      if(data=="0")                         // 如果结果栏中的数据为 0,直接返回
        return;
```

```
        else{
          data=data.substring(0,data.length-1);// 获取结果栏中除最后 1 个字符外
的字符串
            if(data=="" || data=="-"){
              data="0";
            }
          }
          this.data.arr.pop();                 // 删除数组最后 1 个元素
          this.setData({
            screenData:data
          });
      } else if(id==this.data.idClear)         // 如果点击"清屏"按钮
    {
          this.setData({
            screenData:"0"
          });
          this.data.arr.length=0;              // 清空数组
      } else if(id==this.data.idPon){          // 如果点击"+/-"按钮
          if(data.substring(0,1)=="-"){        // 如果结果栏中的第一个字符是"-"
            data=data.substring(1,data.length);// 获取第 1 个字符后面的子字符串
            this.data.arr.shift();             // 删除数组第 1 个元素
          } else{
            data="-"+data;                     // 字符串前面加"-"
            this.data.arr.unshift("-");        // 字符串前面添加"-"
          }
          this.setData({
            screenData:data
          });
      } else if(id==this.data.idIs){           // 如果点击"="按钮
          var data=this.data.screenData;
          if(data=="0"){
            return;
          }
          //console.log(data);
          // 最后是操作符不合法返回
          var lastWord=data.substring(data.length-1,data.length);// 获取结果
栏中最后 1 个字符
          // console.log("lastWord"+lastWord);
          if(isNaN(lastWord)){                 // 如果结果栏中最后的字符不是数字
            return;
          }
          var num="";                          // 存解析后的数字
          var optArr=[];
          var arr=this.data.arr;
          console.log(arr);
          for(var i in arr){                   // 把字符拆分成数字和运算符存到数组里
            if(isNaN(arr[i])==false || arr[i]==this.data.idPon ||
arr[i]==this.data.idPoint){
```

```
            num += arr[i];
        } else{
            optArr.push(Number(num));
            optArr.push(arr[i]);
            num="";
        }
    }
    optArr.push(Number(num));
    console.log(optArr);
    var result=Number(optArr[0])*1.0;       // 转换为带小数的结果
    for(var i=1;i<optArr.length;i++){
        if(isNaN(optArr[i])){               // 非数字
            if(optArr[i]==this.data.idPlus){
                result += Number(optArr[i+1]);
            } else if(optArr[i]==this.data.idMinus){
                result -= Number(optArr[i+1]);
            } else if(optArr[i]==this.data.idMult){
                result*= Number(optArr[i+1]);
            } else if(optArr[i]==this.data.idDiv){
                result /= Number(optArr[i+1]);
            }
        }
    }
    var log=data+"="+result;
    this.data.logs.push(log)                // 将操作过程添加到 log 数组中
    wx.setStorageSync('callLogs',this.data.logs);
                                            // 将 log 数组中的数据存入缓存
    this.data.arr.length=0;
    this.data.arr.push(result);
    this.setData({
        screenData:result
    });
} else{                                     // 数字及运算符
    if(data=="0"){
        if(id==this.data.idPlus ||
           id==this.data.idMinus ||
           id==this.data.idMult ||
           id==this.data.idDiv){
            return;
        }
        this.setData({
            screenData:event.target.id
        });
        this.data.arr.push(id);
    } else{
        if(id==this.data.idPlus ||
           id==this.data.idMinus ||
           id==this.data.idMult ||
           id==this.data.idDiv){           // 阻止连续输入多个运算符
```

```
        if(this.data.lastIsOperator==true){
          return;
        }
      }
      this.setData({
        screenData:data+event.target.id
      });
      this.data.arr.push(id);
      // console.log(this.data.arr);
      if(id==this.data.idPlus ||
        id==this.data.idMinus ||
        id==this.data.idMult ||
        id==this.data.idDiv){
        this.setData({
          lastIsOperator:true
        });
      } else{
        this.setData({
          lastIsOperator:false
        });
      }
    }
   }
  }
})
```

4. 编写 list.wxml 文件代码。该页面是点击主页面中"历史"按钮时进入的页面，用于显示前面操作的内容，这些内容都记录在绑定的 log 数组中，利用列表渲染的方法显示历史操作数据。文件中使用的样式类包括：page、.content 和 .item，分别用于设置整个页面、内容区域和每项内容的样式。

list.wxml 文件：

```
<!--list.wxml-->
<view class="content">
  <block wx:for="{{logs}}" wx:for-item="log">
    <view class="item">{{log}}</view>
  </block>
</view>
```

5. 编写 list.wxss 文件代码。该文件定义了 list.wxml 文件中使用的 3 种样式：page、.content 和 .item。

list.wxss 文件：

```
/*list.wxss*/
page{
  height:100%;
}
```

```
.content{
  margin:0;
  height:100%;
  display:flex;
  flex-direction:column;
  align-items:center;
  box-sizing:border-box;
  background:#d9eef7;
  padding-top:10rpx;
}
.item{
  background-color:white;
  border-radius:3px;
  text-align:right;
  width:720rpx;
  height:100rpx;
  line-height:100rpx;
  padding-right:10rpx;
  margin-bottom:10rpx;
}
```

6. 编写 list.js 文件代码。通过在 onLoad() 函数中调用 API 函数 wx.getStorageSync() 获取缓存中的历史数据，然后显示到 list.wxml 页面中。

list.js 文件：

```
//list.js
Page({
  data:{
    logs:[]
  },
  onLoad:function(options){
    // 页面初始化 options 为页面跳转所带来的参数
    this.setData({
      logs:wx.getStorageSync('callLogs')
    });
  }
})
```

7.1.4 相关知识

本案例主要使用了如下知识要点：

1. 许多 view 组件进行整体布局的方法和技巧。
2. 使用 view 组件实现 input 和 button 组件的功能的方法和技巧。
3. 多个 view 组件绑定了相同的点击事件函数，利用 id 来区分不同组件实现不同功能的方法和技巧。
4. 存储和显示历史操作过程的方法。

5. 综合考虑各种因素，编写复杂逻辑代码的方法和技巧。

7.1.5 总结与思考

1. 本案例主要解决了进行复杂界面布局和逻辑设计的方法和技巧。
2. 请思考如下问题：本案例利用 view 组件实现了 button 组件的功能，这样比直接使用 button 组件是不是更好？为什么？

案例 7.2 支付宝九宫格导航界面设计

1　　　　2　　　　3

7.2.1 案例描述

九宫格导航也称作宫格导航，是很多 App 软件或者小程序都采用的一种设计方式，比如支付宝、口碑、大众点评等。通过这种导航设计，可以把重要内容放入宫格导航，给用户明确的接口。本案例设计一个支付宝九宫格导航界面。

7.2.2 实现效果

小程序运行后的界面如图 7.2 所示。

图 7.2　支付宝九宫格导航界面设计案例运行效果

7.2.3 案例实现

1. 图标准备。本案例涉及的图标较多，可以下载需要的图标。下载图标的网址很多，这里给读者提供一个免费图标下载网址：

https://www.iconfont.cn/search/index?searchType=icon&q=%E6%9B%B4%E5%A4%9A

进入该网页后的界面如图 7.3 所示，可以在"更多"输入框中输入需要的图标并点击"放大镜"图标进行搜索，如在其中输入"红包"后，会显示如图 7.4 所示的很多红包图标，直接点击需要的图标就可以下载，并且在下载之前可以配置图标的颜色。

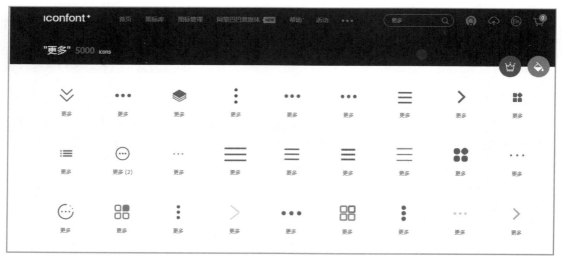

图 7.3　下载图标界面

图 7.4　搜索"红包"后显示的红包图标

把下载后的图标保存到 icons 文件夹中，并把该文件夹复制到新建的项目文件夹中。

2. 编写 index.wxml 文件代码。该页面主要由 2 个区域构成：蓝色区域和白色区域。蓝色区域包括 2 行内容：上面一行包括搜索区、用户和加号，下面一行包括扫一扫、付钱、收钱和卡包。白色区域包括 10 个图标和文本。

index.wxml 文件：

```
<!--index.wxml-->
<!-- 蓝色区域布局设计，包括2行内容 -->
<view class='bg'>
    <!-- 最上面一行布局设计，包括搜索区、用户和加号 -->
    <view class='region'>
        <view class='search'>
            <view class='left'>
                <image src='../icons/fdj.png' style='width:16px;height:17px;'></image> 热门电影：神偷奶爸3
            </view>
            <view class='right'>
                <image src='../icons/mkf.png' style='width:11px;height:15px;'></image>
            </view>
        </view>
        <view class='account'>
            <image src='../icons/yh.png' style='width:24px;height:21px;'></image>
        </view>
        <view class='plus'>
            <image src='../icons/jh.png' style='width:19px;height:19px;'></image>
        </view>
    </view>

    <!-- 第二行导航图标和文本区域，包括：扫一扫、付钱、收钱和卡包 -->
    <view class='nav' style='margin-top:20px'>
        <view class='item' bindtap='navBtn'>
            <view>
                <image src='../icons/sys.png' style='width:29px;height:29px;'></image>
            </view>
            <view style='color:#ffffff;'> 扫一扫 </view>
        </view>
        <view class='item' bindtap='navBtn'>
            <view>
                <image src='../icons/fq.png' style='width:29px;height:29px;'></image>
            </view>
            <view style='color:#ffffff;'> 付钱 </view>
        </view>
        <view class='item' bindtap='navBtn'>
            <view>
                <image src='../icons/sq.png' style='width:29px;height:29px;'></image>
            </view>
            <view style='color:#ffffff;'> 收钱 </view>
        </view>
        <view class='item' bindtap='navBtn'>
            <view>
                <image src='../icons/kb.png' style='width:29px;height:29px;'></image>
            </view>
```

```
          <view style='color:#ffffff;'>卡包</view>
        </view>
      </view>
    </view>

    <!-- 白色区域10个导航图标和文本的布局设计 -->
    <view class='nav'>
      <block wx:for='{{navs}}'>
        <view class='item' bindtap='navBtn' id='{{index}}'>
          <view>
            <image src='{{item.img}}' style='width:{{item.width}}px;height:{{item.height}}px;' ></image>
          </view>
          <view>{{item.name}}</view>
        </view>
      </block>
    </view>
    <view class='hr'></view>
```

3. 编写 index.wxss 文件代码。文件定义了 10 种样式：.bg、.region、.search、.left、.right、.account、.plus、.nav、.item 和 .hr。

index.wxss 文件：

```
/*index.wxss*/

/* 设置蓝色区域背景颜色 */
.bg{
  background-color:#1b82d2;
  height:130px;
}

/* 设置蓝色区域第一行的布局 */
.region{
  display:flex;
  flex-direction:row;
}

/* 设置第一行中搜索区域的布局 */
.search{
  width:70%;
  background-color:#fff;
  margin-left:10px;
  margin-right:10px;
  border-radius:2px;
  display:flex;
  flex-direction:row;
  font-size:13px;
  color:#bfbfbf;
```

```css
  align-items:center;
}

/* 设置搜索区域左侧 "放大镜" 图标和其后面文本的布局 */
.left{
  width:90%;
  margin-left:10px;
}

/* 设置搜索区域右侧 "麦克风" 的位置 */
.right{
  width:10%;
  text-align:center;
}

/* 设置 "用户" 图标的布局 */
.account{
  width:15%;
  text-align:center;
}

/* 设置 "+" 图标的布局 */
.plus{
  width:15%;
  text-align:center;
}

/* 设置白色区域图标和文本的布局 */
.nav{
  text-align:left;
}

/* 设置白色区域每个元素的样式 */
.item{
  margin-top:15px;
  text-align:center;
  font-family:'Microsoft YaHei';
  font-size:13px;
  width:24%;
  display:inline-block;
}

/* 设置最下面一条横线的样式 */
.hr{
  height:1px;
  background-color:#ccc;
  opacity:0.2;
  margin-top:10px;
}
```

4. 编写 index.js 文件代码。文件主要定义了 loadNavData() 函数，该函数为 10 个导航按钮提供数据，包括导航按钮图片、说明文本和尺寸等。

index.js 文件：

```javascript
//index.js
Page({
  data:{
    navs:[]                              // 定义导航图标数组
  },
  onLoad:function(options){
    var that=this;
    var navs=this.loadNavData();         // 调用函数为 navs 赋值
    that.setData({
      navs:navs                          // 为绑定的 navs 数据赋值
    })
  },
  navBtn:function(e){                    // 点击按钮事件函数
    console.log(e);
    var id=e.currentTarget.id;           // 获取点击按钮的 id
    wx.showToast({                       // 显示消息提示框
      title:'按钮被点击',
      duration:2000,
      mask:true
    })
  },

  loadNavData:function(){                // 自定义函数，用于初始化 10 个导航按钮数据
    var navs=[];
    var nav0=new Object();               // 创建对象
    nav0.img='icons/hb.png';             // 为对象属性赋值
    nav0.name='红包';
    nav0.width='19';
    nav0.height='22';
    navs[0]=nav0;                        // 将对象赋值给对象数组元素

    var nav1=new Object();
    nav1.img='../icons/zz.png';
    nav1.name='转账';
    nav1.width='22';
    nav1.height='23';
    navs[1]=nav1;

    var nav2=new Object();
    nav2.img='../icons/xyk.png';
    nav2.name='信用卡还款';
    nav2.width='23';
    nav2.height='17';
    navs[2]=nav2;
```

```
var nav3=new Object();
nav3.img='icons/czzx.png';
nav3.name=' 充值中心 ';
nav3.width='18';
nav3.height='23';
navs[3]=nav3;

var nav4=new Object();
nav4.img='../icons/tpp.png';
nav4.name=' 淘票票 ';
nav4.width='23';
nav4.height='22';
navs[4]=nav4;

var nav5=new Object();
nav5.img='../icons/ddcx.png';
nav5.name=' 滴滴出行 ';
nav5.width='21';
nav5.height='17';
navs[5]=nav5;

var nav6=new Object();
nav6.img='../icons/yeb.png';
nav6.name=' 余额宝 ';
nav6.width='21';
nav6.height='23';
navs[6]=nav6;

var nav7=new Object();
nav7.img='../icons/shh.png';
nav7.name=' 生活号 ';
nav7.width='18';
nav7.height='21';
navs[7]=nav7;

var nav8=new Object();
nav8.img='../icons/gxdc.png';
nav8.name=' 共享单车 ';
nav8.width='25';
nav8.height='21';
navs[8]=nav8;

var nav9=new Object();
nav9.img='../icons/gd.png';
nav9.name=' 更多 ';
nav9.width='22';
nav9.height='22';
navs[9]=nav9;
```

```
        return navs;//返回对象数组
    }
})
```

7.2.4 相关知识

本案例涉及的知识要点是对象和对象数组。利用对象存储每个导航按钮的数据，包括：图标图片、图标说明文本、图标的宽度和高度等，最后把每个对象添加到对象数组中。创建对象利用 new Object() 来实现，如：

```
var nav9=new Object();
```

该语句创建了对象 nav9。创建对象后，可以直接为对象属性赋值，如：

```
nav9.img='icons/gd.png';
```

该语句实现了为对象 nav9 的属性 img 赋值。

将对象赋值给对象数组元素的方法和普通变量直接的赋值相似，如：

```
navs[9]=nav9;
```

7.2.5 总结与思考

1. 本案例利用布局的方法实现了支付宝九宫格导航布局。
2. 请思考以下问题：如何判断点击了哪个导航按钮，从而实现不同的操作？

第 8 章 代码管理

本章概要

本章简单介绍了版本控制的概念、Git 分布式版本控制系统和常用的 Git 命令、微信开发者·代码管理平台以及启用开发者工具中的"版本管理"服务进行多人协作开发时的代码管理的方法。

学习目标

- 了解 Git 分布式版本控制系统
- 掌握使用"版本管理"服务进行代码管理的方法

一个复杂的软件，往往不是一个开发人员可以搞定的，在项目的开发过程中，版本的安排和发布对于一个完整的开发团队来说是比较重要的部分。多人共同开发时，需要一个工具，能确保一直存储最新的代码库，所有人的代码应该和最新的代码库保持一致。这个工具也需要帮助团队记录每次对代码所做的修改，并且可以轻易地把代码回滚到历史上的某个状态，这样的工具就叫做版本控制工具。

版本控制最主要的功能就是追踪文件的变更。它将什么时候、什么人更改了文件的什么内容等信息忠实地记录下来。每一次改变文件，文件的版本号都将增加。除了记录版本变更外，版本控制的另一个重要功能是并行开发。软件开发往往是多人协同作业，版本控制可以有效地解决版本的同步以及不同开发者之间的开发通信问题，提高协同开发的效率。并行开发中最常见的不同版本软件的错误修正问题也可以通过版本控制中分支与合并的方法有效地解决。

常见的版本控制工具有 CVS、SVN 和 GIT。

- CVS（Concurrent Versions System）：是 Dick Grune 在 1984 年～1985 年基于 RCS 开发的一个客户–服务器架构的版本控制软件，20 世纪 90 年代的主流源代码管理工具，长久以来一直是免费版本控制软件的主要选择。
- SVN（Subversion）：C/S 架构、集中式版本控制软件，修正了 CVS 中广为人知的缺点，速度比 CVS 快，功能比 CVS 多且强大。对于中小规模团队，SVN 是一个比较好的开源版本控制工具，在国内软件企业中使用最为普遍。
- GIT：一个开源的分布式版本控制系统，用以有效、高速地处理从很小到非常大的项目版本管理，目前被越来越多的开源项目使用，SVN 正在慢慢被 GIT 取代。

8.1 Git

Git 是一个开源的快速、可扩展的分布式版本控制系统，具有极为丰富的命令集，对内部系统提供了高级操作和完全访问。如果想了解 Git 的工作原理，有几个必须知道的核心概念如下。

- 工作区（Working Directory）：仓库文件夹里除 .git 目录以外的内容。
- 版本库（Repository）：.git 目录，用于存储记录版本信息。
- 暂缓区（Stage）：存放文件快照的临时存储区域，Git 称该区域为索引。
- 分支（Master）：Git 自动创建的第一个分支。
- HEAD 指针：用于指向当前分支的指针。

分布式版本管理的主要特点是开发者可以本地提交代码，服务器上有一个共享代码库，而每个开发者机器上也都有一个本地代码仓库。开发者可以将服务器的代码下载下来，再通过本地代码仓库的项目下载到本地机器，同样地，开发者在本地修改完代码后需要先提交到本地的代码仓库，再由本地的代码仓库提交到服务器。所以，代码的提交与更新首先会通过本地代码仓库，并不是直接交给服务器来进行管理。

8.1.1 常用的 Git 命令

欲使用 Git 对开发项目进行版本控制，首先要基于现有项目目录建立项目仓库，将其文档纳于 Git 的版本控制之下。下面简单介绍一些常用的版本管理命令。

首先需初始化 Git 仓库，定位到已建立的项目目录，使用 git init 命令可以初始化本地项目仓库。操作的结果是在项目目录下面新建了一个 .git 隐藏目录，它就是所谓的 Git 仓库，此后即可将项目目录称为工作树。

因为 Git 是分布式版本控制系统，所以在使用 Git 之前，每个机器都需要使用 git config 命令对 Git 进行必要的配置（用户名和电子邮箱），因为它要求每个人在向仓库提交数据时，都应当承担一定的责任。配置命令如下：

```
$ git config --global user.name "你的用户名"
$ git config --global user.email "你的电子邮箱账户名 @ 电子邮箱服务器域名"
```

配置好了本地项目仓库后，就可以利用 Git 管理代码了。git add 命令可以将文件从工作区添加到暂缓区，即生成文件快照并存放到一个临时的存储区域（索引）。git commit 命令可以将索引提交至仓库中（本地版本库），每一次提交都意味着版本在进行一次更新。提交时需要输入更新信息，格式如下：

```
$ git commit -m "版本更新说明信息"
```

多人协作时，每位开发者都需要关联服务器上的共享版本库，以保持代码的共享和随时更新，添加远程库的命令格式如下：

```
$ git remote add origin git@服务器域名:远程库路径/远程库名称.git
```

远程库的名字默认就是 origin（也可以改成其他的），这个名称意义明显、便于识别，所以多数开发者一般都直接使用这个默认名称。

git push 命令可以将本地版本库的内容推送到服务器。push 本地 master 分支到远程 master 分支的命令如下：

```
$ git push origin master
```

git pull 命令可将属于同一项目的远端仓库与同样属于同一项目的本地仓库进行合并，它包含了两个操作：从远端仓库中取出更新版本，然后合并到本地仓库。将最新的远程库 master 分支内容合并到本地仓库的命令如下：

```
$ git pull
```

git clone 命令可以利用各种网络协议访问远端机器中的 Git 仓库，从中导出完整的工作树到本地。以 SSH 方式克隆远程库的命令如下：

```
$ git clone git@git服务器域名:远程库路径/远程库名称.git
```

以 https 协议方式克隆远程库的命令如下：

```
$ git clone https://git服务器域名/远程库路径/远程库名称.git
```

git log 命令可以查看当前项目的日志，就是使用 git commit 命令向仓库提交新版本时所输入的版本更新信息。git status 命令可以查看当前版本库的状态。

8.1.2 GitHub

GitHub 是基于 Git 的在线 web 页面代码托管平台，于 2008 年上线，迅速成为最流行的分布式版本控制系统之一。它为开源项目免费提供 Git 存储，无数开源项目开始迁移至 GitHub，包括 jQuery，PHP，Ruby 等。其实 GitHub 还是一个开源协作社区，通过 GitHub 既可以让别人参与你的开源项目，也可以参与别人的开源项目。登录 GitHub 后查看某个开源库主页，点击 Clone or download 按钮即可克隆或下载代码，亦可上传自己的分支，参与其项目的改进或扩充，如图 8.1 所示。

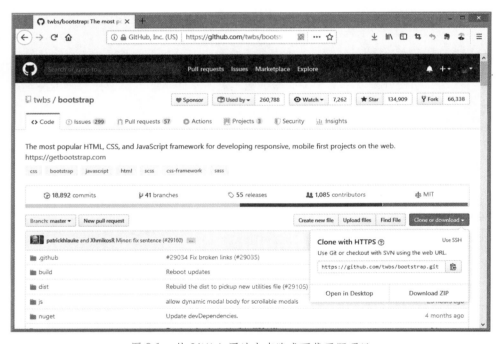

图 8.1 从 GitHub 网站上克隆或下载开源项目

要想使用 GitHub 第一步当然是打开 GitHub 官网（https://github.com/）注册 GitHub 账号，之后就可以创建仓库了。登录后在主页上点击 new 按钮，然后在新打开的页面上填写仓库名称并进行设置，最后点击 Create new repository 按钮即可。

Git 最初是 LinusTorvalds 为帮助 Linux 开发而创造的，它针对的是 Linux 平台，很长一段时间内，Git 也只能在 Linux 和 UNIX 系统上使用。不过慢慢地有人把它移植到了 Windows 上，所以 Git 现在可以在 Linux、UNIX、Mac 和 Windows 这几大平台上正常运行了。要在 Windows 上使用 Git，可以从 https://git-scm.com/downloads 上下载安装程序，然后按默认选项安装。安装完成后，在开始菜单里找到 Git → Git Bash，弹出一个类似的命令行窗口，说明 Git 安装成功了，在这个窗口里就可以使用 Git 命令进行版本库的管理了。

针对习惯了使用 GUI 窗口界面软件的用户，GitHub 也已经为 Mac 和 Windows 平台发布了界面统一的 GitHub Desktop 官方桌面客户端，用户可从 https://desktop.github.com/ 下载最新版本。作为官方客户端，GitHub Desktop 完全免费而且界面和功能非常简洁，如图 8.2 所示。

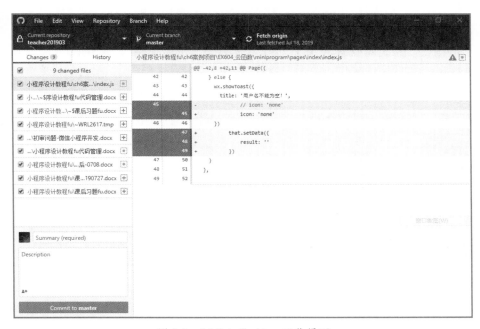

图 8.2　GitHub Desktop 工作界面

软件侧栏列出了所有工作中的项目，可以切换查看或新建项目。可以直接在 GitHub 上面克隆一个仓库并且在 GitHub Desktop 中打开，如图 8.3 所示。这个仓库已经初始化好了，所以不需要任何命令。

此外，用户也可以在库视图（Repository View）中查看、切换和创建分支，以可视化图形的形式查看历史变化概要，以及提交、合并或部署代码。

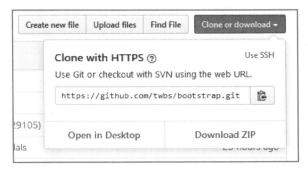

图 8.3　从 GitHub.com 克隆项目仓库在 GitHub Desktop 中打开

当然，GitHub 也允许用户在 GitHub.com 网页版上实现所有的功能，也可以使用一些第三方的 Git 客户端（如 SourceTree、Tower 等）或是 Git 命令行来完成工作，但是图形化的软件比命令行窗口更适合 Git 新手们上手和学习。最终当然还要看用户自己的工作习惯。

8.2 微信开发者·代码管理

"微信开发者·代码管理"是为微信开发者提供的一项代码管理服务,方便开发者进行代码推送、拉取、版本管理和多人协作。

8.2.1 在代码管理平台上创建共享版本库

初次使用微信的代码管理服务,开发者需要首先进行账号初始化,即打开 https://git.weixin.qq.com/ 并使用微信扫描二维码,登录"微信开发者·代码管理"平台后进入"个人设置",设置昵称、头像、Git 帐户、SSH 密钥等,如图 8.4 所示。

图 8.4　Git 账户个人设置

进入"项目组",开发者可以看到其参与的所有项目组,如图 8.5 所示。每个小程序都会自动创建一个以 wx_appid 为路径的专属项目组,用户无须单独进行开通。

图 8.5　项目组列表页面

请注意，小程序专属项目组具有一些特性，包括：
- 小程序专属项目组人员会自动关联小程序开发者信息，只能在小程序管理后台进行人员管理。
- 小程序管理员会自动成为该项目组的 Owner，登录过微信开发者·代码管理的开发者会自动成为该项目组的 Master。未登录过的开发者将不会同步权限。
- 小程序专属项目组的路径无法修改。

小程序管理员可以点击进入当前小程序项目的专属项目组，然后点击"创建项目"按钮新建一个项目仓库。在新建项目页面上输入项目路径、描述、可见级别后点击"创建项目"按钮即可创建当前小程序项目的共享版本库，如图 8.6 所示。当然新项目的版本库一开始是空的，由开发者初次上传后，所有开发者才可进行代码的拉取（pull）和推送（push）。

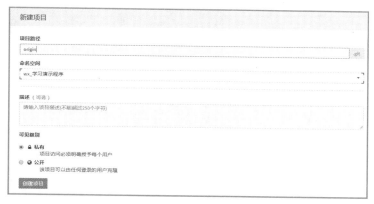

图 8.6 "新建项目"设置页面

8.2.2 在开发者工具中启用"版本管理"

在"微信开发者工具"的顶部工具栏右侧，有一个"版本管理"功能按钮，如图 8.7 所示。

图 8.7 微信开发者工具中的"版本管理"按钮

初次点击"版本管理"按钮时将会出现如图 8.8 所示的没有找到 Git 仓库的提示，点击"初始化 Git 仓库"按钮后如图 8.9 所示。此时可以点击左下方的"开通微信开发者·代码管理"按钮设置代码管理平台的账号，如果已登录过代码管理平台并设置了账号，则可以直接点击"确定"按钮，之后就初始化了本地仓库并将全部代码进行了初始提交，建立了本地 master 分支，点击 master 即可看到刚刚提交的版本信息，如图 8.10 所示。

图 8.8　初始化 Git 仓库提示

图 8.9　创建 Git 仓库提示

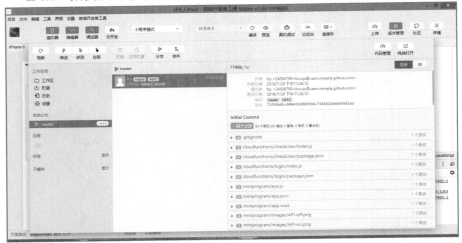
图 8.10　初始化 Git 仓库后本地分支的版本信息

要想所有开发者使用共享版本库协同开发，开发者的本地仓库需要与代码管理平台上的项目仓库相关联，所以需要点击左侧的"设置"选项对项目仓库进行通用设置、网络和认证设置以及远程设置，如图 8.11 所示。

图 8.11　开发者工具"版本管理"中的仓库设置

在"通用"设置项中，需要设置用户名和邮箱。在"网络和认证"设置项中，需要设置认证方式，如图 8.12 所示。

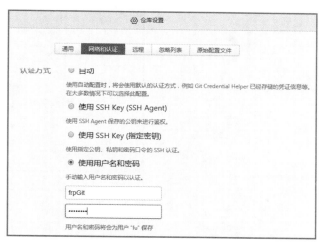

图 8.12　仓库设置中的认证方式设置

在"远程"设置项中，需要先添加远程仓库，如图 8.13 所示。

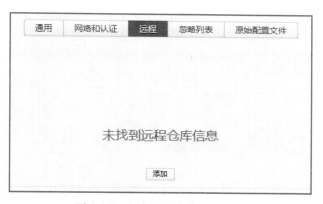

图 8.13　仓库设置中的远程设置

点击"添加"按钮后，开发者即可在弹出的"添加远程仓库"页面中填写远程仓库的名称和 URL，或者直接点击下方的远程仓库列表中的某项进行添加，如图 8.14 所示。

添加成功后，即可在左侧的"远程"设置项下面看到新关联的远程仓库的名称，此时并无任何分支显示，需要点击上方的"抓取"工具，从远程仓库下载最新的记录，远程仓库下面才能显示出所有的远程分支。如果是小程序管理员在代码管理平台上新建的项目，则需要开发者在初始化本地仓库后首先推送代码建立分支，如图 8.15 所示。

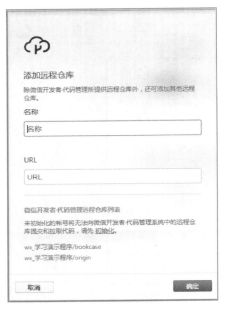
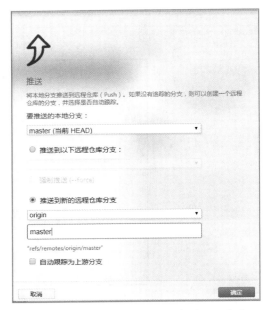

图 8.14　添加远程仓库　　　　　　图 8.15　推送本地 master 分支到远程仓库

之后，其他开发者抓取时都可以在远程仓库下面看到远程仓库的各分支及其更新信息，如图 8.16 所示。

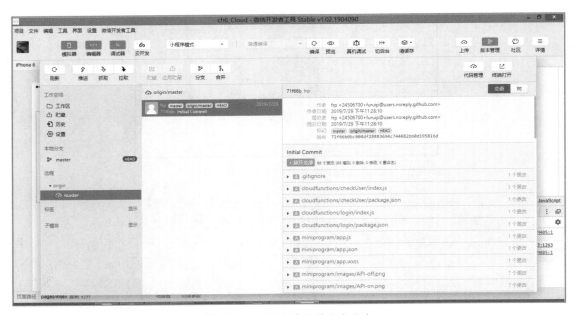

图 8.16　远程仓库及其分支信息

再点击"拉取"工具即可将最新代码下载合并到本地仓库，如图 8.17 所示。

第 8 章　代码管理

图 8.17　拉取远程仓库代码合并到本地仓库

对于新加入的开发者，可以先登录代码管理平台设置账号信息，然后下载项目文件压缩包，如图 8.18 所示。

图 8.18　从代码管理平台下载项目文件压缩包

将下载的压缩包解压后，导入微信开发者工具建立新项目，再按照如前所述的过程初始化本地仓库、关联远程库、抓取远程库信息，以后即可同样地拉取和推送代码了。需要注意的是，初次拉取或推送之前，需要在本地 master 分支的初始提交上右击选择"将 HEAD 重置到..."选项，才能顺利进行代码同步，如图 8.19 所示。

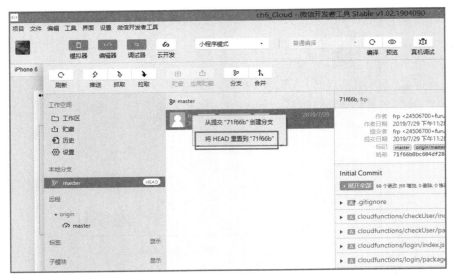

图 8.19　初次提交代码到本地仓库后重置 HEAD 指针

8.2.3　开发者工具中的版本管理

在微信开发者工具中，启用了"版本管理"后，目录树中的文件后面就会出现相应的标志，例如 M 表示文件有更改，U 表示新增的文件，等等，如图 8.20 所示。

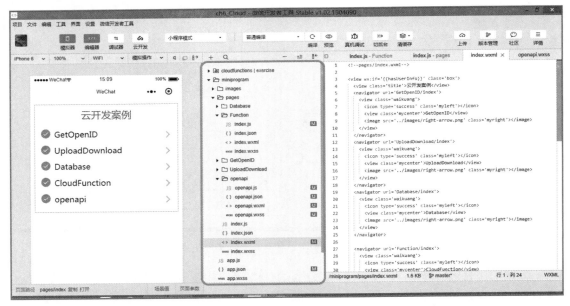

图 8.20　微信开发者工具中开通了"版本管理"的目录树

开发者完成一个阶段的工作后，可以再次打开"版本管理"，工作区就会出现最新改动过的文件了，点击文件，可以看到修改前和修改后的代码，如图 8.21 所示。选中工作区中的所有更改，在下方的提交表单中输入标题和内容，点击"提交"按钮就可以提交当前修改了（至

第 8 章 代码管理

少填写标题，否则无法提交）。

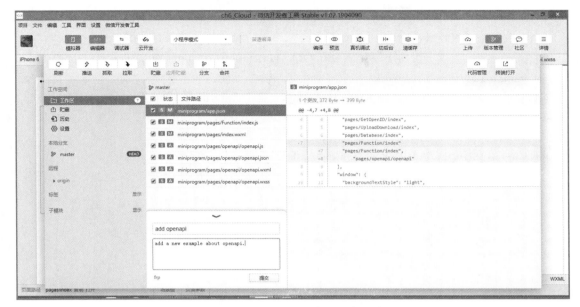

图 8.21 提交工作区中的所有更改

提交成功后即可在本地分支中点击 master 分支，可以看到最新的提交信息，点击"推送"按钮即可将最新改动推送到远程仓库，如图 8.22 所示。

图 8.22 推送本地分支到远程仓库

需要注意的是，开发者应在开始本阶段工作时，先拉取远程仓库的最新更改合并到本地仓库，再在此基础上工作，所有阶段工作的流程基本上就是拉取、修改、提交、推送 4 个步骤。

参 考 文 献

[1] w3school 在线教程 [EB/OL]. [2019-06-17]. http://www.w3school.com.cn/.

[2] 微信官方文档·小程序 [EB/OL]. [2019-06-17]. https://developers.weixin.qq.com/miniprogram/dev/framework/.

[3] 刘刚. 微信小程序开发必备 100Tip[M]. 北京：电子工业出版社，2017.

[4] 黄曦，沙拉依丁·苏里坦. 微信小程序开发快速入门 [M]. 北京：电子工业出版社，2017.

[5] 周文洁. 微信小程序开发零基础入门 [M]. 北京：清华大学出版社，2019.

[6] GitHub [EB/OL]. [2019-06-17]. http://github.com/.